绍兴文理学院出版基金资助

绍兴文理学院浙江省越文化传承与创新研究中心课题成果（2021YWHJD04）

绍兴市哲学社会科学规划项目最终研究成果（145D080）

越剧服饰的传承与创新

雷文广　著

U0161803

中国纺织出版社有限公司

内 容 提 要

本书从设计艺术学的角度出发，围绕越剧服饰传承与创新发展路径进行研究，以越剧服饰实物、图片资料、影像资料为依据，通过文献检索、田野调查、比较分析、归纳总结等方法，对越剧服饰从历史演变、地域文化、类型特征、设计实践等方面进行探讨。

本书可作为越剧服饰设计人员在开发新产品过程中的参考用书，也可作为喜爱越剧的人员深入了解越剧文化的参考资料。

图书在版编目（CIP）数据

越剧服饰的传承与创新 / 雷文广著. -- 北京：中国纺织出版社有限公司，2023.6

ISBN 978-7-5229-0641-6

Ⅰ. ①越… Ⅱ. ①雷… Ⅲ. ①越剧－服饰－研究 Ⅳ. ①TS941.735

中国国家版本馆 CIP 数据核字（2023）第 097689 号

责任编辑：沈 靖 责任校对：楼旭红 责任印制：王艳丽

中国纺织出版社有限公司出版发行
地址：北京市朝阳区百子湾东里A407号楼 邮政编码：100124
销售电话：010—67004422 传真：010—87155801
http://www.c-textilep.com
中国纺织出版社天猫旗舰店
官方微博 http://weibo.com/2119887771
天津千鹤文化传播有限公司印刷 各地新华书店经销
2023年6月第1版第1次印刷
开本：710×1000 1/16 印张：10.5
字数：164千字 定价：68.00元

前　言

在习近平新时代中国特色社会主义发展的历史背景下，浙江省紧跟"一带一路"倡议，以弘扬传统文化为己任，全面推动浙江省传统文化艺术传承与创新发展。越剧是中国五大戏曲剧种之一，于2006年5月20日列入第一批国家级非物质文化遗产名录。越剧发源于浙江绍兴，具有浓郁的地域文化特色，是越文化的重要组成部分。近年来，学者对于越剧曲调与行腔的研究取得较大的成绩，但对越剧服饰的研究相对较少。

本书从设计艺术学的角度出发，围绕越剧服饰传承与创新发展路径进行研究，以越剧服饰实物、图片资料、影像资料为依据，通过文献检索、田野调查、比较分析、归纳总结等方法，对越剧服饰从历史演变、地域文化、类型特征、设计实践等方面进行探讨。本书研究的重点是越剧服饰的传承与创新，形成越剧服饰创新的系统设计理论与方法，从而使越剧服饰得以继承和发展。具体研究思路如下：

首先，从设计艺术学的角度，对越剧服饰进行系统性、综合性的研究。对越剧服饰的历史发展、艺术特色、文化内涵进行分析，总结了越剧服饰在人物塑造、舞台表演、舞台灯光与布景等方面体现的艺术特征，并从越剧服饰形制、色彩、纹样等方面进行归纳分析，在此基础上，选择经典越剧进行越剧服饰设计实践，为越剧服饰的设计提供可借鉴的方法与理论，从而更好地继承和发扬越剧服饰文化。

其次，结合越剧剧目，进行越剧服饰现代设计创新，思考越剧服饰传承与发展的路径。越剧服饰在弘扬传统文化的同时应融入现代创新元素，可以起到保护、传承、发掘的作用，把越剧服饰与时代文化相融合，用现代设计理念和时代精神重新塑造，设计出富有时代特色且保留越剧服饰特征的现代越剧服饰。

新时代越剧服饰的传承与创新研究项目（2021YWHJD04），是2021年度绍兴文理学院浙江省越文化传承与创新研究中心自设课题。项目组先后走访了越剧博物馆、绍兴小百花越剧团、苏州久业戏剧服饰有限公司等地，以越剧服饰为研究对象，对越剧服饰的发展历史、文化内涵、类型、特征及其对人物角色的塑造等方面进行分析与阐述。项目组从设计艺术学角度出发，在保留越剧服饰艺术风格的同时，运用现代设计方法对越剧服饰进行传承与创新。越剧服饰是越剧艺术的重要组成部分，对越剧服饰进行传承与创新，对新时代越剧艺术的发展具有积极作用。

本书由绍兴文理学院纺织服装学院雷文广著，苏州久业戏剧服饰有限公司总经理李俊给本书提供了重要的调研资料和专业的撰写建议，在研究过程中得到了绍兴艺术学校吕江英老师、绍兴文理学院越文化研究院相关老师的支持，在此表示衷心感谢。

由于本人研究水平有限，书中难免有不妥及可商榷之处，恳请各位同仁和读者批评指正。

作者

2023 年 3 月

目　　录

第一章　中国戏剧服饰的发展脉络

戏剧服饰结合戏剧动作来渲染戏剧氛围、反映戏剧主题、塑造戏剧角色形象，戏剧服饰通过戏剧表演者的动作，用无声的语言向观众传递戏剧情节，是戏剧艺术中的重要组成部分。中国最初的戏剧与舞蹈是同源的，到宋代才正式形成戏曲，行头才逐步完善。明清以后，以明式服饰为基础、独具特色的戏曲服饰已达到程式化的水平，并流传至今。越剧发源于浙江省绍兴市，越剧服饰主要以明式服饰为主题，结合越剧艺术特色，最终形成具有视觉识别度的越剧服饰。

《中华文化通志·戏曲志》中认为戏剧起源于人类对自然物以及自身行为的行动性或象征性模仿，用专业概念来定义就是：戏剧起源于拟态和象征性表演。戏剧的产生与原始舞蹈有重要的关联性，在艺术史研究中，人们常会看到不同门类的艺术在远古时期同出一源，戏剧与舞蹈有着相同的源头，或者说原始舞蹈中的象征性表演是戏剧之源，为配合原始舞蹈（戏剧）的表演，原始舞蹈（戏剧）服饰应运而生。随着人类文化的日趋进化、艺术功能的逐步转变，艺术才可能按社会需求分门别类。原始的舞蹈表演，随着艺术功能的细化，逐渐分化成舞蹈和戏剧两大门类。《辞海》中对戏曲解释为："戏曲渊源于秦汉的乐舞、俳优和百戏。唐有参军戏，北宋形成宋杂剧。南宋时温州一代产生的戏文，一般认为是中国戏曲最早的成熟形式。"中国戏曲的发展经过漫长的演进，从秦汉时期表演内容以戏弄调笑为主的乐舞、俳优和百戏，到宋代逐步形成具有生动故事情节的戏文，最终发展成具有东方美学价值的戏曲表演形式。戏曲服饰的发展与中国戏曲的成长同步，在不断的历史演变中，戏曲服饰得以逐渐完善，最终在宋代形成比较程式化的衣厢制服饰，成为传统戏曲表演过程中不可或缺的一部分。

第一节　由拟态服饰到乐舞服饰

一、原始舞蹈表演服饰

原始戏剧的拟态及象征性表演活动与当时人类认知息息相关，反映出早期文明的宇宙观。原始戏剧的拟态及象征性表演主要包括以模拟兽及图腾舞蹈方式进行祭祀及巫术的活动。就文明初期的文化形式而言，卡西尔注重的神话思维，他强调神话表达的是一种"生命一体化"的信念，生命一体化沟通了各种各样的生命形式，使所有生命形式都具有亲族关系。生命的一体性表现为人与其他生命形式具有关联性。中华古典文明的哲学宇宙观是强调连续、动态、关联、关系、整体的观点，从这种有机整体主义出发，宇宙的一切都是相互依存、相互联系的，每个事物都是在与他者的关系中显示自己的存在和价值。在原始崇拜和宗教信仰推动下，在对宇宙空间与人之本质的认识下，意蕴了中国原始舞蹈独特的文化格局，原始戏剧舞蹈服饰也显示出"有机整体"的文化特征。《后汉书·舆服志》中记载："后世圣人易之以丝麻，观翚翟之文，荣华之色，乃染帛以效之，始作五采，成以为服。见鸟兽有冠角胡之制，遂作冠冕缨蕤，以为首饰。"古代人通过观察翚翟，发现翚翟的羽毛五彩斑斓，然后在服饰染色时进行模仿，这也成为服饰上色彩的来源。古人又通过观察动物，发现有的动物有头冠，有的动物会长出犄角，有的动物会长胡须，还有的动物下颚会有下垂的皮等，模仿制作了人类头上的冠饰、服饰及装饰品。同时，为了更好地模拟动物的形态，直接将动物的毛皮、犄角、胡须穿戴在身上。可以看出，古人在制作服饰的色彩、造型时，会对自然界进行参照及模仿，把人穿着的服装与天地万物融为一体，以与天地万物进行联结和沟通。古人通过服饰特定外观造型，来模拟动物形态，把自然物体的形态制成相应的服饰形制，寓意更深层的意义，从而获得更加真切的感受和功利，以达到相应的目的。

原始人通过模拟动物的形态及穿着动物毛皮的服饰来占卜或祈望狩猎成功。例如，新石器时代马家窑出土的舞蹈纹彩陶盆中，用剪影的形式反映出手拉手舞蹈场景，在每个人物身躯以下都有类似尾巴的装饰，反映了早期人类以拟兽服饰进行舞蹈的画面。云南沧源的岩壁画，是新石器晚期人类壁画遗迹，壁画中人物形象丰富，服装装饰物多样，生动地反映出祭祀舞蹈人物的装饰形象。从云南沧源的岩壁画中人物形象可以看出，人物头顶部戴有长长的羽毛状装饰物，类似长尾鸟的羽毛；人物头饰上有类似用兽角或兽牙做的漩涡状造型装饰物；展开的双手亦有长长的羽毛装饰物，类似今天的披风造型，造型像飞翔的鸟兽。云南沧源的岩壁画中人物形象的着装用羽毛或动物骨头进行装饰，生动地反映了新石器晚期云南地区人类穿着拟兽服饰进行祭祀的场景，如

图 1-1 所示。甘肃黑山岩画中有许多舞蹈人物图像，舞蹈人物图像均穿着长及膝处的束腰喇叭裙或及地长裙，头戴高大的羽毛装饰物，如图 1-2 所示。在内蒙古狼山岩画中，可以清楚地看出头部饰有角状物，整体造型像山羊或牛头部，身穿直身长裙。早期人类的拟兽舞蹈服饰带有浓郁的神秘色彩，主要采用动物羽毛、毛皮、骨头、角等制成，服饰款式多模仿动物形态及图腾崇拜对象。东巴祭祀之舞的面具头饰都是禽兽形象，有马、鹿、牛、狮子、虎、狗、猪、蛙、龙及羊等。在楚人的神话人物装扮中，亦能反映由巫师扮演的神明多为鸟兽形象，如东皇太一形象为人头鸟身，状如雄鸡凤凰；东君可化身乌鸦；湘夫人化身燕子等。原始拟兽舞蹈服饰的装饰手法夸张，有的是从头饰模仿动物，有的是从服装整体造型上模仿动物，看上去似人非人，似兽非兽，是早期人类人兽同源混沌思维的形象化。

图 1-1　云南沧源岩壁画

图 1-2　甘肃黑山岩画

　　拟兽舞蹈是早期人类进行祭祀的主要仪式之一，头部和身体部位的装饰是早期人类利用虚幻的或超自然的力量来实现愿望的工具。人们将动物、图腾形象与自身服饰装饰融合而形成半人、半兽、半神的舞蹈服饰形态，如披羽毛、插鸟羽、戴动物面具、挂动物骨架、戴蚌及骨牙等造型，从而达到"被服容止，皆象鸟也"的拟兽形态。《山海经》记载"帝俊有子八人，是始为歌舞"，这里的"歌舞"并不是唱歌跳舞，而代指的是巫文化的祭祀仪式。帝俊八子可以理解为帝俊时期八个部落或分支，形成了各自独立的祭祀仪式。帝俊的八子分别为伯奋、仲堪、叔献、季仲、伯虎、仲熊、叔豹、季狸，从其名称来看，反映了远古时期不同部落的图腾差异。《尚书·益稷》载："击石拊石，百兽率舞。"《吕氏春秋·古乐篇》中记载尧时的"以致舞百兽"，这里的"百兽"并不是指真实的鸟兽，而是指将人扮成鸟兽形象，模拟鸟兽进行舞蹈，这种表演具有巫术仪式的性质。在巫术仪式中，巫师作法时穿的衣服是巫师进入神灵境界的必要装扮。王国维在《宋元戏曲史》指出"楚辞之灵殆以巫而兼尸之用者也。其词谓巫曰灵。盖群巫之中必有象神之衣服形貌动作者。而视为神之冯依，故谓之曰灵。"巫师及扮演神灵的人着装的服饰被视为与神通话、灵魂附体。例如，古氏羌部落以"蛙"为图腾，在纳西族东巴舞谱记录有"金色大蛙舞"，其服饰用羊皮剪裁成蛙的形状，然后在羊皮上绣大小圆盘图案表示为"蛙眼"，在巫术活动中跳拟蛙的舞蹈。这种舞服通过拟态性模仿神灵或图腾形象祈求与神通话，具有浓厚的宗教意味。巫舞服饰利用象征与被象征物之间某种类似及关联性，使被象征物的内容得以体现，是古人自觉把象征运用于生活实践的功利手段，具有文化象征性。

二、夏、商、周时期舞蹈表演服饰

通过模拟祖先或崇拜对象，出现了祭祀舞蹈，即庙堂乐舞，这种表演形式逐渐演变成具有礼仪规范的乐舞。从早期中国文化的演进来看，夏、商、周文化经历了巫术文化、祭祀文化而发展为礼乐文化。三代的文化模式有所差别，但也发展成一种连续性的文化气质，这种文化气质在西周集中表现为重孝、亲人、贵民、崇德。重孝最直接的体现为繁盛的祖先祭祀，这些祭祖礼仪包含了相应的礼祭服制度。西周时期，建立了礼乐制度，将夏商时期的祭祀之乐的雅乐以礼仪制度的形式保存下来，由此，礼乐舞蹈作为礼仪制度的一部分，成为维护国家统治的政治手段。礼乐舞蹈是指在宫廷祭祀、宫廷大宴、朝会大典或帝王恩准的特殊场合所跳的舞蹈。在礼制的作用下，礼乐舞蹈服饰通过服饰的色彩、款式、纹样及配饰等，以配合"天人合一"的礼仪思想观念。礼乐舞蹈服饰摆脱了原始舞服的简单拟态性，而是将礼仪意识观念注入服饰形制中，产生了舞蹈服饰的礼仪性象征。例如，原始舞蹈服饰中为了模拟动物形态用羽毛装饰，而西周礼仪制度中，用羽毛象征帝王的文德，其内涵从表示动物形态转变为表示把物与人的品行相关联，从具有宗教意义转向人与人社会交往的行为规范，从而达到"天人合一"的目的。总体来看，西周时期，中国古代戏剧服饰完成了由拟态服饰向具有表达礼仪蕴含服饰的转变，由简单的模仿动物或图腾形象转向具有复杂等级观念含义的礼仪服饰。

相对具有神秘色彩的巫术舞蹈服饰，周代的乐舞服饰具有庄严之美。周代为了巩固政权采取了"制礼作乐"的文化措施。《大司乐》记载："以乐舞教国子。舞《云门》《大卷》《大咸》《大韶》《大夏》《大濩》《大武》；以六律、六同、五声、八音、六舞大和乐。"周代的礼乐舞蹈是周代礼仪制度的重要部分，具有凸显皇权威严、强化礼仪制度、维持森严等级秩序地功能。为了更好地达到礼乐舞蹈所指向的目的，礼乐舞蹈所穿的服饰被限定在一个隆重、严肃的范围，体现出以质朴表示尊重以及以羽毛服饰表示礼仪的庄严之美。周代乐舞服饰主要有以下几方面特征：

一是沿袭古制，体现反古不忘本的意蕴。从"衣"字的结构看，"衣"字的下半即"北"字，故"衣"字像北方之人戴冠者。西北气寒，古代北方狄族用羽毛做成服饰，用于御寒。《王制》记载："东方曰夷，被发文身。南方曰蛮，雕题交趾。西方曰戎，被发衣皮。北方曰狄，衣羽毛穴居。"北方狄族用羽毛做成服饰，被后世延传，并不断演变成服饰礼仪习惯。《礼记·礼运》记载："昔者先王未有麻丝，衣其羽皮。后圣有作，然后治其麻丝，以为布帛。"在麻丝发明以前，羽皮是服饰主要的面料，周代在礼乐舞蹈服饰中用羽毛有反古不忘本，不忘先祖及祭祀祖先的意蕴。《礼记》记载："三王共皮弁素积，言至质不易之服，反古不忘本也。"皮弁是一种用白鹿皮做成的尖帽子，比冕冠次一等，而素积是指用纯白色面料制成的裩露衣袖的服饰，也体现了周代在乐舞服饰上模仿古人着装，表达反古不忘本的礼仪。由此可见，周代舞蹈服饰中皮弁、羽毛等都有反古不忘本的意蕴，也是用服饰的形制告诫做人的行为准则及对古人的尊敬。

二是体现等级秩序，维护皇权威严。周代礼乐舞蹈有"六大舞"，其中《云门》舞用于祭天，《咸池》舞用于祭地，《大韶》舞用于祭四望，《大夏》舞用于祭山川，《大濩》舞用于祭先妣，《大武》舞用于祭先祖。表演《大武》时，天子穿冕服，《礼记·祭统》记载："及入舞，君执干戚就舞位。君为东上，冕而揔干，率其群臣，以乐皇尸。"天子穿戴冕服，手持盾牌，率领群臣共舞以祭祀先祖。冕服是君王服饰中最尊贵的一种，其形制为上衣下裳，并有十二章纹，以日月、星辰、山龙、华虫绘于衣，以宗彝、藻、火、粉米、黼、黻绣于裳。在冕服中绘绣十二章纹不是为了美观，而是为了体现阶级之尊卑，十二章纹是西周等级最高的纹样，具有丰富的礼仪文化内涵，表达帝王之德，其内涵有：日、月、星辰象征帝王之德普照四方，山代表稳重江山稳固，龙取其应变，华虫取其华丽，宗彝表示忠孝，藻表示洁净，火表示光明，粉米表示滋养，黼表示决断，黻表示明辨。郑玄注释："天子冕服十二章、诸侯九章，伯七章，子男五章，卿大夫三章。尊者绘衣，卑者不绘衣。"《尚书·益稷》记载："予欲观古人之象，日、月、星辰、山、龙、华虫、作会、宗彝、藻、火、粉米、黻、黼、絺绣，以五采彰施于五色，作服，汝明。"由此可见，绘绣十二章纹的冕服是辩等威而定秩序，衣裳为治理天下的工具之一。

三是根据乐舞的不同目的，分别着衣。周代乐舞分为文舞和武舞，《云门》舞用于祭天，《咸池》《大韶》及《大夏》为文舞，《大濩》《大武》为武舞。周代文舞舞具为龠羽，一手握龠管，一手持羽毛。《龠师》记载："掌教国子舞羽，祭祀则鼓羽龠之舞。"描述舞者持羽而舞。羽毛具有表文德意涵，手持鸟羽毛而舞，象征帝王以文德服天下。《礼记·乐记》记载："文以琴瑟，动以干戚，饰以羽旄，从以箫管。备至德之光，动四气之和，以著万物之理。"表演《大武》时"冕而摠干"，表演《大夏》时"皮弁素积"。由此可见，周代乐舞根据祭祀或舞蹈表演的作用，会穿着不同的舞蹈服饰，以表达对祭祀的重视，同时也是周代礼仪在服饰中的具体体现。

第二节 由乐舞服饰到观赏性舞服饰

一、春秋战国时期舞蹈表演服饰

西周时期礼乐制度的形成促使乐舞的发展，礼仪文化渗入乐舞服饰中。进入春秋"轴心文明"时代，轴心时代的中华文明延续了早期文明及西周人文思潮的发展，以儒家为代表，其核心思想是对仁爱、礼乐价值的重视。礼在儒家文化中占有重要地位，儒家文化中的礼包含三个层面：礼的精神、礼的态度及礼的规定。通过早期文明及西周的发展，起源于祭祀礼仪礼乐仪式逐渐从宗教实践中独立出来，成为人世的社会交往的礼仪。春秋国时期，诸侯国之间长期的战争使礼乐制度遭受极大的破坏，西周时期形成的礼乐舞蹈逐渐失去礼乐意义，取而代之的是从民间舞蹈演变而来的表演性舞蹈，并成为统治阶级新的政治工具，这一时期的舞蹈被赋予更多的目的，如接待贵宾表演舞蹈并赠送舞者乐器，赠送舞者及乐工以达到求和的政治目的，以歌舞讽喻当时的政治。战国时期，表演性舞蹈的主要功能是供统治者观赏，逐渐摆脱礼乐舞蹈的礼仪功能，表演性舞服饰也从乐舞服饰的庄严之美，转向观赏性、华丽的服饰形态。通过春秋战国时期墓葬出土舞蹈人物，可以了解当时舞蹈服饰的形制及特色。山东章丘女郎山战国墓，出土26件战国时期的乐舞陶俑，陶俑主要分演奏俑、歌舞俑及观赏俑三大类。这批陶俑有21件为女性陶俑，女性陶俑装束为：头饰为偏左高髻，服饰款式有细瘦齐地深衣形制，上衣和下裳连属，下摆及地，袖子有长袖、披肩短袖两种形制；出土的舞乐俑中服饰较为隆重华丽，服饰为上下连属深衣形制，长袖，两肩披挂红色彩带，下摆较大，色彩以浅红色及青灰色为底，在浅红色底点缀白点或红点，在青灰色底点缀白点或红点。山东章丘女郎山出土的乐舞俑采用写实风格，整组舞乐俑有的击鼓，有的长袖翩翩起舞，有的列坐观看，反映了战国时期齐国的舞蹈服饰。在战国宴乐渔猎攻战纹图壶中，其中有一组图是宴享乐舞的场景，表现在亭榭上敬酒时，一旁乐伎载歌载舞的热闹场面，如图1-3所示。宴享乐舞采用横向展开形式，击打乐器的女伎身穿紧身服跪地，女舞者身穿束腰斜褶长裙，从侧面看与战国时期的曲裾深衣相似。战国宴乐渔猎攻战纹图壶上，还有一组图是反映采桑的情景，也有学者认为是战国时期采桑舞蹈或采桑祭祀活动，采桑情景共有五人，均穿着束

图1-3　战国宴乐渔猎攻战纹

腰斜褶长裙，这种紧身长裙从人体功效学角度看，并不适合采桑劳作，因此，笔者认为采桑组服饰可能是一种礼仪服饰或者舞蹈服饰，穿着目的不是实用，而是满足服饰的礼仪或审美需要。

从春秋战国出土的乐舞俑服饰可以看出，一是舞蹈服饰的色彩摆脱了西周乐舞服饰以质朴为尊、以羽为贵的审美特色，舞蹈服饰不仅没有羽饰而且使用艳丽的浅红色，并点缀其他杂色，反映出战国时期的舞蹈服饰没有延续周代舞蹈服饰礼仪内涵，而是趋向观赏性发展；二是战国时期的舞蹈服饰为增加观赏性及表演性，除了翩翩长袖外，还会在双肩加饰彩带，以增加舞蹈的观赏性及表演性。由此可见，春秋战国时期，由于礼乐制度遭受极大的破坏，礼乐舞蹈失去其生存的土壤，取而代之的是具有观赏性和表演性的舞蹈，舞蹈服饰也逐渐从礼仪功能向以观赏性及表演性转变，服饰变得更加富丽多彩。

二、秦汉时期舞蹈表演服饰

秦汉时期的乐舞、俳优和百戏为戏曲的形成提供了经验和发展基础，至南宋形成乐较为成熟的戏曲，戏曲各行头的服饰也逐渐稳定，最终形成了程式化的戏曲表演服饰。汉代独尊儒术，继承了周代的庙堂乐舞，并以既定的形式流传下去。同时，汉代的世俗乐舞也极为盛行，王符《潜夫论·浮侈》说，汉朝民间的女子，"多不修中馈，休其蚕织，而起学巫祝，鼓舞事神"，反映出当时女性放弃桑麻劳作，而去学跳舞的社会风尚。汉武帝时期设立了专门管理乐舞的政府机构"乐府"，反映出汉代的崇尚乐舞的社会风尚。从目前汉代出土文物来看，汉代的舞服与常服有一定区别，通常是在常服的基础上进行改造和修饰，尚未形成专门的演艺服饰，其舞服形制有交领式长服、交领式中长服、对襟式上衣、连体衣等。交领式长服及中长服为上下连属、紧窄裹身，多见于舞女俑，其形制为开领、束腰，从左往右缠绕数周，下摆形成曲裾，交领式长服下摆一般及地，交领式中长服整体比长服略短，上衣长度常覆盖臀部或膝盖部，下裳一般穿搭阔腿裤；对襟式上衣、连体衣为上下连体，且紧窄贴身，常见于杂技俑。

汉代时期舞服与常服的区别主要在于袖子、下摆、前襟等，汉代舞服的袖子通常在常服的基础上加长，形成长袖，汉代盛行的"长袖舞"，主要通过舞动长袖来进行表演。济南无影山汉墓舞俑、徐州托蓝山汉墓舞俑、汉杜陵陵区出土玉舞人、东平后屯壁画墓舞蹈人物、汉景帝阳陵四号建筑遗址出土舞俑等文物都反映了汉代着长袖舞蹈的情景，舞者通过对长袖的掌控，做出飞袖、拖袖、甩袖、摆袖等造型，身体像游龙般柔婉，长袖如素霓般美丽，形成了行云流水般的舞蹈姿态，反映了汉代追求气韵生动的美学思想，是汉代浪漫主义艺术思潮影响的产物，与汉代艺术追求"运动、力量及气势"的审美趋向一致。汉代的文学中也常见用长袖指代舞服，汉代崔骃《七依》记载："振飞縠以舞长袖，袅细腰以务抑扬。"傅毅《舞赋》："罗衣从风，长袖交横。骆驿飞散，飒擖合并。……绰约闲靡，机迅体轻。姿绝伦之妙态，怀悫素之洁清。"张衡《观舞赋》："美人兴而将舞，乃修容而改服。袭罗縠而杂错，申绸缪以自饰。拊者啾其齐列，盘鼓焕骈罗，抗修袖以翳面兮，展清声而长歌。"生动有趣地描述了汉代长袖舞的场景，舞者运用长袖表现出甩、扬、撩、拖、抖、绞等舞蹈动作，从而表现出丰富的视觉效果和舞蹈语境。汉代长袖舞服通常是在袖口延长，古代袖袂之长于手，反屈至肘的部分。汉代长袖是在袂端延长，领部为交领，其长袖加长方式有两种：一是直接把衣袖加长，多见于西汉早期的舞者形象；二是在袖口处另外连接一条水袖，多见于西汉中期的舞者形象。两种长袖形制可以适用不同的舞蹈动作，增加舞蹈的表现力。汉代墓出土舞者形象中服饰的下摆形式多样且有复杂的装饰，徐州驮蓝山汉墓出土的舞女服饰的下摆明显比侍女俑的要宽大；汉杜陵陵区出土玉舞人服饰的下摆不平齐，呈花瓣状。汉代中原地区的舞服基本延续了春秋战国时期上下连属的深衣形制，交领式中、长服是舞服的主要款式，大多数舞者形象为女性。汉代舞蹈动作多集中于上身袖子与腰部的配合，脚部动作幅度不大，为了配合舞蹈动作的需要，在常服的基础上对袖子进行延长、腰部收紧，对下摆进行加宽，形成具有汉代特色的舞服。汉代晚期出现了巾、扇、绋等舞蹈道具，配合长袖舞服，丰富了汉代乐舞的表演形式，其乐舞百戏的表演不再局限于纯袖舞蹈的表演，形成了集唱奏、表演及杂耍于一体的表演形式，一定程度上推动了乐舞百戏的发展，为后世戏剧发展提供基础。

　　汉代无论是宫廷的乐舞，还是市井的杂戏，其服饰已经摆脱了西周时期的庄严之美，舞蹈姿势与舞蹈服饰之间已经巧妙结合，逐渐演变成具有观赏性的舞蹈服饰。《西京杂记》记载："汉高祖刘邦宠姬戚夫人善楚舞，又善翘袖折腰之舞，长袖飘举，仪态万千。"反映了舞者通过长袖展现不同美感的舞态，长袖舞蹈服饰不仅增加了舞蹈的观赏性，同时也与舞蹈融为一体，增加舞蹈的魅力。汉代的长袖舞通过舞蹈服饰与舞蹈姿势的相互配合，舞者表演通过甩、翻、翘、抛袖等舞蹈杂技动作，使舞蹈具有相当高的难度和独特的审美效果。长袖舞蹈的表演在越剧服饰中也有体现，越剧服饰正旦、花旦的服饰通常在袖端续接无光纺，演员通过对袖子的摆控，使长袖如行云流水般，形成灵动韵律感的表演形态，以表现人物情感，渲染气氛。

三、魏晋南北朝时期舞蹈表演服饰

魏晋南北朝时期政权分立，战争频繁，社会动荡不安。从三国归晋到八王之乱，而后五代十国，国家长期分裂，民不聊生，在社会动荡的背景下，文化也随之发生变化。东汉时期，针对"六经"训释已经进入烦琐的境地，关注文本经学的训古和对典章名物的解释，以至于流于烦琐的文献考证而脱离思想和生活，最终使得经学脱离实际而流于神秘。魏晋时期的社会动荡及混乱，使传统的儒家思想崩塌，人的思想得到了极大的自由及解放，以何宴、王弼为首的玄学风行。宗白华在《美学散步》一书中曾说："汉末魏晋六朝是中国政治上最混乱、社会上最苦痛的时代，却是精神史上极自由、极解放，最富于智慧、最浓于热情的一个时代。"魏晋南北朝在长达四个世纪的分裂与战乱中，虽然政治、社会动荡，但是在文化思想上达到了中国文化的一个高峰。玄学盛行于魏晋南北朝时期，玄学继承了老庄道教思想，同时认可了儒家经典，并用老子、庄子道教思想对儒家经典重新作了解释，用理性驱除迷信，用简易取代烦琐，成为魏晋南北朝的主导思想。魏晋玄学以《周易》《老子》及《庄子》作为基本思想典籍，推崇以无为本，贵无轻有，追求生命、心灵、精神的自由，拓宽了中国人精神的空间和深度，科学、文学及艺术也得到很大的发展。

魏晋南北朝时期思想文化推动了舞蹈艺术的发展，舞蹈具有超然脱俗的风韵。《白纻舞》是当时最为盛行的舞蹈，最初为三国吴地的民间舞蹈，而后成为宫廷的著名乐舞。《白纻舞》是以舞服命名，舞服用洁白的纻麻做成，质地轻盈柔软。有许多文献及诗歌对白纻舞进行了描述，如南朝汤惠休《白纻歌》描述："少年窈窕舞君前，容华艳艳将欲然。……长袖拂面心自煎，愿君流光及盛年。"《晋白纻舞歌诗》描述："质如轻云色如银，爱之遗谁赠佳人。制以为袍余作巾，袍以光躯巾拂尘。丽服在御会嘉宾，醽醁盈樽美且醇。清歌徐舞降祇神，四座欢乐胡可陈。"通过对文献及诗歌描绘，魏晋南北朝时期的《白纻舞》舞蹈服饰有以下两个特点：

一是色彩洁白，质地轻薄。纻用麻制成，是经过漂练、质地轻柔的服装面料，原产自吴国的面料。郑玄注《周礼·典枲》释"白而细疏曰纻"，洁白而细腻是白纻的特征之一。用白纻制作成舞蹈服饰，洁白而飘逸，舞者穿着洁白飘逸的白纻服饰翩翩起舞，配合着舞者轻盈的舞姿，像天上的白云轻柔而优美，具有清新、柔美、飘逸的艺术特征。晋代诗歌《白纻》中的"轻躯徐起何洋洋"，反映出舞者穿着轻薄的白纻舞服，体态轻盈而优美。白纻舞服质地轻薄、色彩洁白如云的特征符合当时的审美趣味。魏晋玄学通常用最精粹的语言、最简洁的语句来表达高深的思想，在艺术上体现为欣赏体质美和精神美，用最简洁、纯粹、朴素的艺术语言，追求艺术的纯粹之美。白纻舞蹈之所以美，是因为洁白而轻薄的舞服，随着舞者的不同舞姿，变化出似云霓、明月、流水等形状，让观看者产生丰富的联想，传达出舞者的不同情感。白纻舞蹈服饰本身没有确切的形状，但随着舞者的舞动，产生丰富的形态，体现出魏晋玄学"无所不在，而所在皆无也"的思想观念。"有无本末"是道家的中心思想，魏晋玄学主张以无为本，贵无轻有，在"无"与"有"中，体现出"无心而顺有"的超越自我的精神世界。玄学"贵无"的思想观念体现出对纯素美学的推崇，向秀和郭象在《庄子注疏》中认为："苟以不亏为纯，则虽百行同举，万变参备，乃至纯也。苟以不杂为素，则虽龙章凤姿，倩乎有非常之观，乃至素也。若不能保其自然之质而杂乎外饰，则虽犬羊之鞹，庸得谓之纯素。"由此可见，无做作、无杂质的自然形态具有纯素之美，体现玄学"随自然"的理念，在这种理念下，保存事物的本质特性，用天然的麻制成的白纻舞服具有纯素之美，在素白的色彩和质朴的纻麻料中，给观赏者留有丰富的想象空间，从而以"无"转化为"有"，由虚无的形，转化为内在的情感及精神，配合轻盈的步伐，形成"仙仙徐动何盈盈"的空灵、飘逸的超凡脱俗美感。这种超凡脱俗的美感符合当时时局动乱之时，人们想通过舞蹈艺术脱离尘世纷争，逃避现实，超越自我，向往飞天成仙的情感趋向。

晋代时期，白纻舞逐渐受到贵族的喜爱，成为宫廷乐舞，其舞蹈服饰越趋奢华。王建《白纻歌》中的"堕钗遗佩满中庭"，鲍照《白纻歌六首》中的"垂珰散珮盈玉除"等诗歌反映了白纻舞服饰奢华的趋势。白纻舞成为宫廷乐舞后，为了保留白纻舞蹈的艺术特色，在服饰上依然使用白纻为面料，同时为了迎合贵族好奢华的品位，佩戴翡翠腰带、玉瑶、钗环等配饰，成为更加奢华艳丽的舞蹈服饰。白纻舞由民间的舞曲转变为宫廷乐舞，虽然服饰由简至繁，由纯素至奢华艳丽，但舞服所体现的虚无之美依然保存，寄托了魏晋南北朝贵族的哀伤、忍思、缠绵和超然脱俗的复杂心理。

二是长袖，袍服曳地，具有可舞性。从魏晋南北朝诗歌中可以了解，白纻舞服"长袖拂面""袍余作巾""袍以光躯巾拂尘"，长袖、袍服、披巾是其主要特征。披巾是用袍服相同的材质做成，袍服的飘逸和披巾的拂弹相互配合，营造出"飘若游云，矫若惊龙"的艺术美感。袍服曳地可以让舞者形体更加修长，袍服长至覆盖双脚，因此，舞者穿白纻舞服起舞时，舞者的双脚时而疾行、时而缓慢，时而用一定的舞蹈技巧和脚部力量作出"体轻飞"的舞态，形成"体如轻风动流波"的飘逸动态。虽然目前没有出土白纻舞舞服实物及舞蹈图像资料，但是，我们可以从东晋顾恺之《洛神赋图》中感受当时的服饰美感。顾恺之《洛神赋图》中，女性穿着宽衣博带的服饰，服饰呈现出飘逸的动感之美，具有清静高雅、超凡脱俗的风貌。白纻舞舞服体现出来的审美趣味与顾恺之《洛神赋图》中女性服饰具有类似性，表现出优美、风雅的情调。这种审美情调是玄学影响下，魏晋南北朝审美趋向用纯素的形态，追求气韵、风骨、神韵、情致等内在精神。嵇康认为"歌以叙志，舞以宣情"。通过歌舞来体现情感，表现人的志向及品格。钟嵘认为"气之动物，物之感人，故摇荡性情，形诸舞咏"。可以看出，嵇康与钟嵘的舞蹈美学观念是一致的，都认为舞蹈通过服饰与舞姿的配合，产生了或快、或慢、或停等不同的节奏与韵律，从而传达不同的情感。穿着白纻舞服的舞者，通过对长袖、披巾有节奏的舞动，使舞蹈具有气韵，而观看者通过舞蹈的气韵观看到舞服所呈现出的各种形态，而这些不同的形态让观看者产生丰富的情感联想。白纻舞服长袖、袍服、披巾的可舞性特征，可以充分真切地传达舞者的内在情感，通过舞服的韵律与节奏把内心情感再现出来，从而使舞者与观看者产生情感共鸣。

四、隋唐时期舞蹈表演服饰

隋唐时期，我国纺织技术有了较快的发展，服饰制作水平更高。虽然隋唐时期出土的服装实物不多，但是通过文献记载及历史图像，可以看出当时服饰的风貌。例如,《簪花仕女图》《捣练图》《挥扇仕女图》等可以看出当时贵族女子的服装及图案概况。隋唐时期设有染织署,有青、绛、白、黄及皂紫等六作掌管各色印染。隋唐时期对外采取开放包容的政策,其舞蹈服饰具有鲜明的异域文化特征。隋唐时期的服饰变革首先从舞服开始,在令隋唐人大开眼界的异域服饰中,最美妙新奇、最具艺术性和吸引力的是舞蹈服饰,异域的舞服随着歌舞百戏一起涌入长安,先是影响中原的舞服,继而以迅疾的速度在日常服饰中流行开来。唐代诗人元稹在《法曲》中写道:“自从胡骑起烟尘,毛毳腥膻满咸洛。女为胡妇学胡妆,伎进胡音务胡乐。火凤声沉多咽绝,春莺啭罢长萧索。胡音胡骑与胡妆,五十年来竞纷泊。”诗歌中生动地描绘了唐代长安百姓的服饰受胡服影响,无论是贵族还是普通百姓,都喜爱穿胡服。胡服作为隋唐时期服饰的组成部分之一,对丰富隋唐时期的服饰类型具有重要作用。异域乐舞百戏的新奇服饰形象,使具有中原特色的裙襦、头饰、袖子及鞋履等舞蹈服饰有了很大的变化,呈现出唐代舞蹈戏剧服饰的异域文化特色。

(一)隋唐舞蹈服饰具有异域特色

隋唐时期的舞服反映出不同地域文化色彩的交融特征,来自“西域胡人”、印度等阿拉伯国家的宗教乐舞,大量进入中原地区,在唐代宫廷乐舞和龙门唐窟石雕、敦煌壁画及墓室文物中都有体现。陕西、河南、甘肃、山西、河北、湖南、新疆等地唐代墓葬发现不少胡人形象,陕西关中地区已发掘的唐代墓葬近万座,出土的胡人形象相当丰富。其中胡人伎乐是主要的类型之一,胡人演奏的乐器主要有琵琶、觱篥、箜篌、笛子、钹等,这些乐器来自西域龟兹乐系统,表演者或坐或立,甚至骑在骆驼上演奏。唐代胡人的服饰多穿窄袖或宽袖的袍、衫,主要有对襟式、对领式和圆领式三种;帽子主要有冠、幞头、风帽、束巾或无帽;男性胡人着装根据身份等级不同,其着装差异较大;有身份地位的胡人多穿汉服戴冠、幞头,而社会地位较低的多穿胡服或胡汉混合服饰,戴幞头、风帽、束巾或无帽。据《唐书·音乐志》记载,唐代《十部乐》中包括燕乐伎、清乐伎、西凉伎、天竺伎、高丽伎、龟兹伎、安国伎、疏勒伎、康国伎、高昌伎共十类宫廷乐舞形式,即有中原传统的乐舞表演,又有异域的乐舞形式。《唐书·音乐志》中对《十部乐》的舞蹈服饰也做了详细记载,其舞蹈服饰有以下三种类型:一是中原传统服饰,具有汉族服饰特征,如《燕乐》穿紫绫袍、大袖、丝布绔、假发,《清商乐》穿轻纱衣裙襦、大袖、画云风之状、漆髻鬟、髻鬟状如雀钗、锦履。可见，《燕乐》和《清商乐》中服饰为宽衣大袖的汉族传统服饰。二是纯正的外来舞服，如《龟兹乐》和《安国乐》穿袄、白裤帑、皮靴，《康国乐》穿袄、锦领袖、浑裆裤、白裤帑、浑裆裤、帑等是外来服饰，中原地区没有这种服饰形制。三是中原服饰与异域服饰相融合的舞服，如《西凉乐》穿紫色丝布褶、白色大口绔、五彩接袖、乌皮靴、假髻、五支钗，假髻、五支钗的头饰与《燕乐》和《清商乐》中的假发、髻鬟相同，显示出中原服饰与西域服饰相结合的舞服特征。

（二）隋唐舞蹈服饰绚丽多彩，服饰奢华

唐代舞蹈服饰绚丽多彩，艺人在演出时常穿亮丽色彩的服饰。从《十部乐》舞服的色彩搭配来看，舞蹈服饰色彩有花锦、紫绫、绯绫、金铜杂花、五彩接袖、朝霞袈裟、碧麻鞋、黄裙襦、绿绫、红抹额等。从这些舞服色彩来看，舞服的颜色种类多样，色彩鲜明，常用有彩色系搭配无彩色，如《西凉乐》中紫色褶、五彩接袖搭配白色的裤和黑色的皮靴，色彩鲜艳，对比强烈，具有绚丽多彩的视觉效果。在敦煌唐代壁画中，"伎乐天"的服饰色彩也是绚丽多彩，如敦煌112窟和220窟中绘制了多个唐代"伎乐天"舞蹈形象，画中的"伎乐天"大都穿着石榴裙，身披绿色、黄色锦带，佩戴钗、环、铛及佩等颜色亮丽的配饰。隋唐时期的诗歌也描绘了舞蹈服饰色彩的绚丽，如唐代张祜《舞》："雾轻红踯躅，风艳紫蔷薇。强许传新态，人间弟子稀。"唐代温庭筠的诗中写道："舞转回红袖，歌愁敛翠钿。满堂开照曜，分座俨婵娟。"这些诗歌中，红袖、翠钿、红踯躅等都体现了唐代舞蹈服饰色彩由鲜艳的红色、翠绿色、艳紫色等组成，使舞蹈服饰绚丽多彩。

隋唐时期舞蹈服饰不仅色彩绚丽多彩，而且服饰用料奢侈，常用金银、宝石、珍贵羽毛制作。在《隋书·音乐志》记载了隋炀帝时期的一次庆典活动："自大业二年……于端门外建国门内，绵亘八里，列戏为戏场，执丝竹者万八千人……伎人皆衣锦绣缯彩。……盛饰衣服，皆用珠翠、金银、絺绣，其营费钜亿万。"可见，隋代的舞蹈服饰用珠翠、金银做装饰，在精细的葛布上绣有图案，服饰奢华。

霓裳羽衣舞是唐代具有代表性的舞蹈，根据唐玄宗所作的《霓裳羽衣曲》编排而成。霓裳羽衣舞的舞蹈轻盈、飘逸，体现道教"羽化成仙"的思想内涵。表演《霓裳羽衣舞》时，舞女手拿幡节，穿羽服，戴珠翠、璎珞。唐代郑嵋《津阳门诗序》云："梳九骑仙髻，衣孔雀翠衣，佩七宝璎珞，为霓裳羽衣之类。曲终，珠翠可扫。"《霓裳羽衣舞》中，羽服是该舞蹈特定的装扮，羽服是用孔雀羽毛做成，象征仙女。穿着孔雀羽毛制成的羽衣，随着舞者的翩翩起舞，表达仙女在云端飞舞的情景，从而产生亦真亦幻，如飞翔云端的飞鹤或月中仙子一般，达到天上人间交相辉映的理想境界。唐代舞服通常佩戴珠宝、璎珞，配饰奢侈之极，唐代许多诗歌描绘了舞服的奢侈状况。例如，白居易诗词中曾描绘唐代乐舞情景："繁音急节十二遍，跳珠撼玉何铿铮""虹裳霞帔步摇冠，钿璎累累佩珊珊"。舞者应乐声，撼身动臂，襟飘带绕，致使珠玉相振，铿锵有声，以至于撒落满地的情景。由此可见，唐代乐舞表演为追求舞蹈效果，服饰上不仅用珍贵的孔雀羽毛做成舞服，而且佩戴大量的珠宝、璎珞，服饰用料讲究，奢华之极。

第三节　程式化戏服的形成与发展

一、宋代戏剧服饰

宋代结束了五代十国的动乱时代，政局稳定，商品经济逐渐繁荣，以市井为主的杂剧、伎乐艺术得以蓬勃发展。《东京梦华录》记载："太平日久，人物繁阜，垂髫之童，但习鼓舞，班白之老，不识干戈。"又云"时节相次，各有观赏……新声巧笑于柳陌花衢，按管调弦于茶坊酒肆。"常年的战争使人们渴望和平，在宋代短暂的和平时刻，都市经济繁荣，歌舞繁盛，到处都是载歌载舞的太平盛世景象。随着宋元时期杂剧的兴起，中国戏剧进入成熟期，宋代戏剧主要有杂剧和南戏两种形式，戏剧服饰开始程式化。王国维《宋元戏曲史》中说："南戏当出于南宋之戏文……宋元戏文大多出于温州，然则叶氏永嘉始作之言，祝氏温州杂剧之说，其或信矣。"宋代的汴京和杭州出现了专门的商业演出中心，温州地区出现故事较为完整的戏文，并开始出现角色行当。宋代戏剧的角色主要有末泥、引戏、副静、副末及装孤，随着戏剧角色的出现及表演方式的程式化，宋代戏剧服饰经过不断完善，戏剧表演服饰逐渐固定化，最终形成了程式化的戏剧演出服饰。通过对历史文献、出土雕砖、图像资料的梳理，宋代戏剧服饰特征如下。

（一）女扮男装演出

女扮男装是指由女性表演者穿着男性服饰进行演出表演。宋代戏剧受到唐代参军戏和歌舞戏的影响，大量女艺人进入戏剧行业，女扮男装演出成为当时戏剧表演的特色之一。《东京梦华录》记载："露台弟子杂剧一段，是时弟子萧住儿、丁都赛、薛子大、薛子小、崔上寿之辈，后来者不足数。"丁都赛是宋代著名的杂剧女艺人，活跃在北宋首都东京，其精湛的演技得到人们的喜

图1-4 丁都赛雕砖

爱，不仅在宋代文献中有记载，在出土的文物中亦发现丁都赛的戏曲雕砖，如在河南偃师酒沟宋墓杂剧一块砖雕上刻有"丁都赛"三字，该雕砖上雕刻一个女性戏装全身像，雕像中头戴小帽，帽上簪花，双手抱拳作打揖状站立，身穿长衫，腰间束带，如图1-4所示。戏曲女艺人出现在宋代文献及雕砖中，可见当时女艺人的表演深受观众喜爱，在社会上形成一定影响。除了在民间表演中有女扮男装，在宫廷戏曲表演中也有女扮男装，《因话录》记载："女优有弄假官戏，其绿衣秉简者，谓之参军桩。"《东京梦华录》中记载的艺人有一半以上是女性，女性艺人在宋代杂剧中占有重要位置，反映出宋代戏曲女扮男装进行演出的社会风尚。

北宋时期的女性在舞台上获得一定成功，女性出现在表演舞台不能说明当时社会的开放性及对女性的尊重，相反，在宋代理学思想的影响下，制定了一套约束人性的制度。女性在北宋伦理道德的禁锢下，思想趋向保守和内敛，体现在服饰上为清淡瘦弱，与唐代妇女艳丽多彩、包容开放的服饰形成鲜明对比，其中最明显的体现为女性缠脚风尚的盛行。在丁都赛及其他的雕砖女艺人形象中，可以看出女性的脚都比较小，腿部也有缠裹的痕迹。宋代苏东坡的《菩萨蛮·咏足》中生动地描述了女性缠脚后的姿态："涂香莫惜莲承步，长愁罗袜凌波去。只见舞回风，都无行处踪。偷穿宫样稳，并立双趺困。纤妙说应难，须从掌上看。"诗歌中描绘了裹小脚的歌妓，迈着轻盈的步伐，如在水波上走，留下阵阵清香。歌妓舞姿如旋风般轻盈快速，以至于快得看不到她的步履踪迹。歌妓的脚因为束裹，脚变得纤细，以至于两脚并立行路都困难。苏轼词中上片描写了歌妓因为裹脚，使步伐轻盈，同时，裹脚

后走路很困难，是一种畸形的审美趣味。北宋时期的女艺人社会地位极低，富贵家庭不会允许子女去登台献艺，只有出身贫寒的家庭才会把子女送去学戏曲杂技，上层社会以子女学戏剧为耻，因此，女艺人的身份地位在宋代很低。

（二）宋代戏剧服饰来源于当时的生活服饰

头裹幞头是宋代男士典型的装束，宋代戏剧服饰在日常男士所戴的幞头上进行改良，发展出簪花幞头、裹花脚幞头、展脚幞头及簪竹子幞头。河南温县前东南王村宋墓杂剧砖雕（图1-5）和河南偃师酒沟宋墓杂剧砖雕（图1-6）在人物穿戴上有许多相似之处，两个墓出土杂剧人物五个，其中河南温县前东南王村宋墓杂剧砖雕左起第一人和河南偃师酒沟宋墓杂剧砖雕左起第二人相似，两者头戴东坡巾（一种软脚幞头），身穿圆领窄袖长袍，腰间束带；河南温县前东南王村宋墓杂剧砖雕左起第二人和河南偃师酒沟宋墓杂剧砖雕左起第

图1-5 河南省温县出土的北宋五人杂剧雕砖拓本

图1-6 河南省偃师市出土的杂剧人物雕砖拓本

三人相似，两者头戴展脚幞头，手中持笏，身穿圆领大袖袍服，腰间束带，整体装束与宋代官员着装相同；河南温县前东南王村宋墓杂剧砖雕左起第三人和河南偃师酒沟宋墓杂剧砖雕左起第一人相似，两者头戴簪花幞头，身穿圆领长袍；河南温县前东南王村宋墓杂剧砖雕左起第四人和河南偃师酒沟宋墓杂剧砖雕左起第四人相似，两者软巾诨裹，身穿长袍，穿着滑稽，下穿裤子，裹脚穿袜子；河南温县前东南王村宋墓杂剧砖雕左起第五人和河南偃师酒沟宋墓杂剧砖雕左起第五人相似，裹软幞头，穿长袍，腰间束带，脚穿袜子。

宋代时期，头戴簪花是当时社会的风尚，男女头上都以簪花为尚，在时节庆典时，百官及百姓都会在幞头或头饰簪花。《宋史·舆服志》说："簪花，谓之簪戴。中兴、郊祀、明堂礼毕回銮，臣僚及扈从并簪花。"簪花发展到南宋，成为皇帝赏赐大臣的礼品，宋代文献大量记载皇帝赐予大臣簪花的事宜，《能改斋漫录》中记载："真宗亲取头上一朵为陈尧佐簪之，陈跪受拜谢。"可见，能得到皇帝簪戴的花卉赏赐是大臣极大的荣耀。宋代不仅皇帝簪花，而且根据官员品级赏赐不同的簪花，《宋史·舆服志》记载："大罗花以红、黄、银红色，栾枝以杂色罗，大绢花以红、银红二色。罗花以赐百官，栾枝，卿监以上有之；绢花以赐将校以下。"宋代簪花有生花和宫花两种，生花是鲜花，应时而戴，有牡丹、芍药、石榴花、栀子花、菊花、秋葵及梅花，亦可以用其他植物，如竹子；宫花是用罗、绢、通草等作为原料制成的假花，通过精心的选材、成型及染色可以形态逼真地模仿出鲜花造型。宋代在理学影响下，主张"格物即穷理"，认为天不是神而是理，"穷理"是对宇宙本体即普遍规律的认识，"穷极真理"的造物观念是对事物发展规律的认知与实践，宫花制作也体现了"穷极真理"的造物观念，通过对自然花卉中生长规律及花卉形态差异的认知，用不同的面料去模仿制作相应的自然花卉，在形态、色彩、纹理及质感等角度实现趋同。宋代宫花制作会根据真实花卉的特征，选择不同材料进行模拟，比如桃花的花瓣比较轻薄，会选用轻薄的纱或者罗进行制作，而花瓣厚实的牡丹及菊花则会用厚实的绸缎制作。杂剧艺人头戴的簪花多为宫花，宫花不仅在形态上与自然花卉相似，而且容易穿戴，不易损坏，可以多次反复使用。宫花因为是人造仿生花卉，相比自然花卉有生长时间的约束，宫花不受季节限制，因此更适合杂剧艺人表演。宋代杂剧中"装孤"角色，其服饰着装也来源于生活中的服饰。宋代官员戴展脚幞头，身穿襕衫，宋代杂剧装孤一般是官员角色，头戴展角幞头，圆领大袖长袍，腰系革带，脚穿靴，其装束与宋代官员身穿圆领袍，头戴展脚幞头一致。宋代官员的日常穿着被挪用到杂剧中表演官员的角色。由此可见，宋代杂剧中的服饰都是当时生活服饰的再现，杂剧根据角色的不同，选用能够代表角色的生活服饰，用日常生活中的服饰传达杂剧角色的身份、地位、性格等社会属性。

（三）宋代戏剧服饰开始按角色分类着衣

根据陕西韩城宋墓杂剧壁画、河南温县前东南王村宋墓杂剧砖雕、南宋《打花鼓》绢画、山西蒲县西村娲皇庙杂剧石雕、河南禹州市白沙墓杂剧砖雕、宋杂剧丁都赛雕砖等及文献记载，宋代戏剧中常见的角色有末泥、引戏、副末、副净、装孤等，不同角色的服饰如下：末泥角色头戴东坡巾，身穿交领内衣、圆领窄袖长袍，腰系革代，脚穿履；引戏角色头戴簪花幞头，身穿交领内衣、圆领窄袖长袍，腰系革带，脚穿履；副末角色头戴幞头诨裹簪花，身穿中袖开襟长衫，腰系带及行缠，脚穿鞋；副净角色头戴牛耳幞头，身穿圆领窄袖短袍，腰系革带，脚穿履；装孤角色头戴展角幞头，圆领大袖长袍，腰系革带，脚穿靴。河南温县前东南王村宋墓杂剧砖雕中的五个杂剧人物，从其穿着打扮来看分别代表五种不同类型的角色，从左至右，第一人雕刻的角色为末泥，末泥在宋代杂剧中是负责安排和调度整个演出的人；第二人雕刻的角色为装孤，装孤在宋代杂剧中是扮演官员，所以装孤的着装与宋代官员穿着相似；第三人雕刻的角色为引戏，引戏在宋代杂剧中是指挥艺人上下场，负责解说人物动作及介绍剧情；第四及第五人雕刻的是副净和副末，副净和副末在宋代杂剧中是逗人发笑，活跃表演氛围，类似今天的丑角，其穿着相对滑稽。之外，在河南偃师酒沟宋墓杂剧砖雕、山西蒲县西村娲皇庙杂剧石雕财盆、河南禹州市白沙墓杂剧雕砖、河南温县西关墓杂剧砖雕中杂剧人物也是按照末泥、引戏、副末、副净、装孤五种角色进行雕刻，可见，宋代杂剧角色比较固定，演员在戏剧表演时根据剧情及角色的需求，在服装和道具上遵循一定的穿戴规则，如引戏用扇子、装孤用笏板、副末用执杖等，从而使宋代杂剧服饰穿戴向程式化发展，为后期中国戏曲表演服饰程式化奠定了基础。

（四）宋代戏剧服饰吸收借鉴了辽、金等游牧民族服饰

游牧民族由于文化观念及生活方式的差异，其窄衣小袖的服饰与汉族宽衣博带服饰形成明显区别。宋代统治者认为唐代的灭亡是由于胡文化的侵入，

所以在制定国策上极力恢复汉族文化，特别是宋代的上层阶级服饰以宽衣博带的汉族服饰为尊。虽然宋代帝王极力推崇汉族服饰，在理学的推动下，汉族服饰以制度化的形式在上层社会传播，但是，随着世俗文化的兴起，中下层社会穿奇装异服比较普遍，杂剧艺人穿奇装异服进行表演不仅是艺人身份的标识，更是杂剧艺人以别出心裁的装束博取更多观众的方式。《东京梦华录》记载："女童皆妙龄翘楚，结束如男子，短顶头巾，各着杂色锦绣捻金丝番段窄袍，红绿吊敦，束带。""窄袍"是一种收紧袖口的紧身袍服，北宋《丁都赛杂剧》雕砖中丁都赛穿圆领窄袖开衩袍，袖口收紧、侧面开衩都是为了方便游牧民族骑行，在辽、金等游牧民族服饰中比较常见；"吊敦"也称钓墪，北宋丁都赛杂剧雕砖中丁都赛穿吊敦，《打花鼓》绢画中的副末也小袖对襟旋袄，脚穿吊敦，如图1-7所示。"吊敦"形制为无腰无裆，形似袜子，穿着时上端有丝带紧束于大腿上，上端遮蔽膝盖，下端到达脚踝。沈从文《中国古代服饰研究》认为："身穿小裤，膝以下若着网状长袜，小小弯弓短筒靴，应即宋代禁令中常提起的'钓墪''袜裤'，来自契丹、女真风俗。"宋代的杂剧艺人穿"窄袍""吊敦"等辽、金游牧民族服饰并不是偶然现象，以至于统治者认为这样的奇异服装对汉族服饰礼制不利，因此，北宋政和七年下令禁止："敢为契丹服若毡笠、钓墪之类者，以违御笔论。"虽然统治者发文禁止民众日常服饰中穿胡服，但作为伎乐艺人在表演时不受法令限制，因此，在南宋时期《打花鼓》绢画中仍然可以看到穿胡服进行表演的杂剧艺人形象。

图1-7 宋代《打花鼓》绢画

（五）宋代戏剧服饰的实用性功能

宋代艺人穿胡服进行演出不仅有受社会流行风尚影响的因素，也有配合杂剧演出实用功能的一面。胡服一般是袖口收紧，侧面开衩的"窄袍"形制，与汉族宽衣博带的服饰形制有很大区别。早在春秋战国时期，人们就意识到传统宽衣大袖的服饰形制会影响作战，公元前307年，也就是赵武灵王十九年，在赵国进行"胡服骑射"的改革，赵武灵王让士兵着装适合骑射的胡服，以增强军队的作战能力。赵国当时的服装为上衣下裳式的礼服和衣与裳相连的常服，宽衣大袖，长至脚踝，这种服装适合农业文明上层阶级出行活动，不适合下层阶级的劳作及士兵的骑行，而北方的林胡、楼领等游牧民族的服装为紧身短衣，着裤穿靴，便于骑射征战，有利于增强军队的作战能力，因此，赵武灵王在赵国推行"胡服骑射"改革。赵武灵王在推行"胡服骑射"的过程中，遇到了很大阻扰。反对服饰改革的以公子成为代表，公子成认为中原是礼仪之邦，宽衣博带的汉族服饰是古人礼仪与智慧的结晶，蕴含礼仪道德，而胡服是蛮夷人的服饰，是落后和愚昧的象征，如果抛弃汉族服饰去学习胡人的服装，是违背古训教导，拂逆人心的事情。赵武灵王认为，古人制定宽衣博带的礼仪服饰形制，是为了更好地治理国家，其目的是利国强民。在赵武灵王看来，汉族的宽衣博带服饰不适合骑马作战，服装的本质是为了方便人的行动和劳作，服饰的礼仪是建立在满足方便出行的基础之上，如今具有礼仪功能的汉族服饰已经影响到骑兵的作战能力，没有强大的骑兵作战，怎么击退胡人从而保护国家。最终，在赵武灵王的耐心劝导下，公子成等持反对意见的大臣理解了"胡服骑射"改革的深远意义，所以赵国的士兵全部改变服装，穿着便于骑射的紧身窄袖的衣服，裤子也改成利于双腿活动的束腿裤。赵国的"胡服骑射"毫无疑问是成功的，在推行胡服后，赵国军队作战能力大大增强，击退林胡和楼顶，攻灭中山国，最终成为雄霸一方的强国。

从赵武灵王"胡服骑射"改革可以看出，汉族宽衣博带形制的设计理念主要是表现礼仪的需要，宽衣大袖也成为汉族服饰的标志，汉族宽大的袖子以至于张开衣袖能够"联袂成阴"。中国古代袖子由袂和祛两部分组成，"袂"是指衣袖下垂部分，而祛是指袖口。衣袂圆形如胡，袂的形状为圆形，其宽度较大。袂的形状来源有两种说法：一是袂的形状为圆形，象征着天，古人认为天圆地方，天的形状是圆形，地的形状是方形，圆形的袂有模仿天的形状意涵；二是袂的形状为下垂造型，形似动物额下下垂的皮，郑玄注释的《礼记•深衣》中认为，袂谓胡下，胡下下垂成为胡。两种观点都说明，古代服饰中的袂并不是为了实用，而是通过袂的形状跟自然界的物体形状进行关联，以服从"天人合一"的服饰观念，以达到所谓的"礼"。古代深衣形制中，深衣的袂与衣的长度相同，常人深衣的袂为古尺二尺二寸，帝王深衣的袂为古尺三尺三寸，古代一尺为23.1厘米至23.5厘米,帝王深衣中袂的宽度可达70多厘米,虽然宽达70多厘米的袂会用祛收缩,但整个衣袖依旧宽大,不便活动和劳作。汉族宽衣大袖的服装只适合乘坐马车或一般的行走,不适合骑马征战及劳作。底层百姓穿着宽衣大袖服装劳作时,会想办法把宽大的袖子捆绑及固定。在宋代,人们劳作时,为了方便劳作,发明了襻膊,用于把袖子固定、捆绑,也可称"臂绳",其做法是将绳子挂在颈项间,然后用绳子绑住挽起的袖子,袖子就被挽起、固定,劳作时就方便了。在沈从文《中国古代服饰研究》一书中,对襻膊进行了相关研究:"宋人记厨娘事,就提及当时见过大场面的厨娘,用银索襻膊进行烹调……"襻膊虽然可以把袖子固定住,但是并不适合杂剧艺人表演,因为手臂活动会受到一些影响,做一些表演动作时,手臂的动作不够自然、流畅,而且也把手臂皮肤裸露在外,因此在宋代杂剧文物中,没有看到穿襻膊表演的杂剧艺人形象。

宋代沿用了汉族传统的宽衣博带服饰形制,其服饰形制多为大袖,特别是男子的袍服,以宽大为尚。在宋代墓出土的杂剧雕砖中,并不是所有的角色都穿窄袍、吊敦等具有胡服特征的服饰,穿窄袍、吊敦的杂剧艺人多扮演打斗动作或需要大幅度肢体动作的角色。有学者考证,北宋艺人丁都赛扮演的角色可能是副末或者副净,类似丑角。丁都赛因为要表演滑稽和搞笑动作,所以丁都赛杂剧雕砖中人物穿窄袍和吊敦。《打花鼓》绢画中画有两个杂剧人物,其中左边人物身穿窄袖开衩袍,脚穿吊敦,右边艺人身穿窄袖开衩袍,脚穿常裤,背后插一把扇子,扇子上面写了"末"字,笔者认为,两人扮演的应该是副净和副末角色。宋代戏剧中,副净和副末角色是为了烘托戏剧氛围,在表演时有一些大幅度动作,因此需要穿紧袖束腿的服饰。而净孤的角色穿着的就是圆领宽袖袍,因为净孤扮演的是官员,主要以文戏为主,没有大幅度的肢体表演动作,所以其服饰袖子保留宽袖。由此可见,穿窄袍、吊敦等服饰的杂剧艺人是因为角色表演的需求,方便艺人表演一些大幅度的动作,如打斗、翻滚等,宽大的袖子在人体做出大幅度的表演动作时不仅影响人体活动,而且有可能会露出皮肤或裸露被衣服遮挡的部位,同时,在衣服侧面的开衩设计,可以更好地方便艺人演出行走或表演舞蹈动作。杂技艺人穿着吊敦也是出于表演的需要,其膝以下丝带缠绕成网状长裤可以把双腿束紧,配合小小弯弓的短筒靴有利于艺人双腿活动,做出翻腾、旋转、跳跃等腿部动作,同时很好地覆盖腿部皮肤，让腿部皮肤在进行表演时不裸露在外。从中国伦理道德来看，无论男女袒露肌肤都是不雅的，更何况是在大庭广众之下袒露肌肤，更不符合伦理纲常。《白虎通义》记载："衣者隐也，裳者鄣也，所以隐形，自鄣闭也。"强调服饰的遮蔽形体的功能，即遮羞的目的，是服饰体现伦理道德意义的一面。孔子曰："当暑，袗絺绤，必表而出之。"人们在酷暑时，在家里可以穿着透气、较薄的葛布单衣，但是出去时，必须在外面加上遮体的服饰，不能袒露肌肤，以显示高贵的身份或君子的品德。按照传统的伦理道德观念，女性穿衣要尽可能地遮盖身体，即使袒露身体的服装，袒露的部位也是有限度的，超越限度就是不合伦理的着装行为。宋代的理学对伦理纲常进行了更为严格的规定，宣扬"存天理，灭人欲"。服饰穿着相比唐代更为保守，公共场合袒露肌肤更是不允许，因此，在杂剧艺人进行表演时，也允许他们穿着窄袍、吊敦等具有胡服特色的服饰来遮蔽身体，以避免在杂剧表演时其肌肤在公共场合外露。

二、元代戏剧服饰

元代戏曲得到空前发展，元戏曲文学是元代文学的代表性成就，在中国文学发展历史上占据重要的地位。元代戏曲的繁荣主要有两方面因素：一是"以曲取士"，元代在人才选拔上以某种艺术作为选取人才的标准。明代臧懋循在《元曲选》中认为："或谓元取士有填词科。若今帖括然。取给风檐寸晷之下。故一时名士。虽马致远乔孟符辈。至第四折往往强弩之末矣。或又谓主司所定题目外。止曲名及韵耳。其宾白则演剧时伶人自为之。故多鄙俚蹈袭之语。"元代以戏曲方式进行人才选拔，根据戏剧题材的不同，设置神仙道化、君臣杂剧、风花雪月、神头鬼面、忠臣烈士、隐居乐道、逐臣孤子、拔刀赶棒、悲欢离合、烟花粉黛等十二种题材科目。二是元代民间书会繁荣发展，民间书会为元代戏剧提供剧本。元代完成全国统一后，统治者不注重科举制度，甚至停废科举制度十余年，文人地位不高。王国维依据文献资料提出了"科举废而杂剧兴"，认为在元代初期，由于科举制度的废除，大量文人失去了谋生渠道，因此，纷纷加入由民间艺人组织的书会，专门为戏剧表演创作剧本，以写剧本为生。

元代是中国历史上第一个由少数民族建立的大一统王朝，对中原地区的社会、政治、经济、习俗带来深远影响。元朝末年，在服饰、风俗习惯、饮食、娱乐等方面,蒙古族服饰和汉族服饰互相效仿。目前出土的实物、图像及文献资料表明,元代时期,蒙汉族之间在服饰上有两方面具有融合现象:一是元代统治者有意识地利用汉族服饰文化进行统治,在《元史·舆服志》中对元代承袭汉族的衣冠制度有详细的记载;二是在中原地区,蒙古族服饰已经在汉族地区传播,出现汉族人穿胡服、戴胡帽现象。蒙元辫线袄虽然是蒙古族的服饰形制之一,但是其领型为采用汉族服饰的交领右衽,可以看出汉族服饰也对蒙元服饰产生影响。元代帝王、官员、贵族等上层社会人士主要穿着华丽的质孙服,而辫线袄主要是地位相对较低的近侍、宿卫、乐工、卫士等在日常穿着的服饰,除日常穿着外,辫线袄也作为戏服,如日本大阪市立美术馆藏《明妃出塞图》中在队伍前面扛旗之人穿着辫线袄,辫线袄紧腰束身及上紧下松的形制便于游牧民族骑行。

目前,研究元代戏剧服饰的图像有河南焦作元代墓乐舞陶俑、山西洪洞县广胜寺水神庙壁画等出文物图像,能够比较直观地反映出元代戏剧服饰的特征。

从出土文物看,河南焦作元代墓乐舞陶俑共出土三个乐舞形象,左边第一个是吹笛子陶俑,中间是跳舞陶俑,最右边是吹口哨陶俑,如图1-8所示。从三个陶俑的位置来看,左右两边的奏乐俑是为中间舞俑奏乐,反映乐元代舞蹈是一边奏乐、一边舞蹈的表演模式。其中两个乐舞俑穿元代蒙古族服饰,两者服饰相同,头戴尖顶笠子帽,身穿小袖短袍。小袖短袍的形制与元代流行的辫线袄类似,辫线袄又称腰线袄,是一种发源于金代、流行于元代的男袍,时称辫线袍、辫线袄子、腰线袄子等。元史记载:"辫线袄,制如窄袖衫,腰做

图1-8　河南焦作元代墓乐舞陶俑

辫线细褶。"辫线袄特点是窄袖束腰，腰部断开，且腰部有辫线或腰线，下摆有褶裥且宽大。辫线袄"腰间密密打作细褶，不记其数，若深衣止十二幅，韪人褶多尔"，中国丝绸博物馆藏元代辫线袍，长126厘米、宽218厘米，褶裥153个，腰部做均匀的竖褶，褶裥规则平整。辫线袄在腰部有明显的收紧，整体衣身廓形呈现出腰部细，下摆及胸部宽松的X字型。蒙元辫线袄的特征之一是在腰部有辫线或横褶，用丝帛捻成辫线钉绣在腰部。从出土实物来看，元代辫线袄腰部有横线及系结，腰部横线有辫线及腰线之分。腰部辫线具体做法有三种：一是用绢帛捻成的辫线，"用红紫色帛捻成线横在腰上，谓之腰线，盖欲马上腰围，紧束突出，采艳好看。"二是用丝线捻成辫线，钉绣在腰部，新疆盐湖元代古墓出土黄色油绢织金锦边袄子一件，用丝线数股扭成辫线，辫线通宽9.5厘米，共三十道辫线绕至右腰，两根合为一根，并连以细纽钉在腰部。三是把自身本来的面料加以打褶而成腰线。元代辫线袄腰线的系结有三种：一是系带式，系带式辫线袄是直接把腰部辫线延长，打结把左右两侧服饰固定，河南元墓出土的乐舞俑是系带式腰线；二是扣带式，扣带式辫线袄是在一端做成襻，另一端以辫线延长，把延长的辫线穿过另一侧的襻，从而使得腰部束紧，固定腰部；三是纽襻式，纽襻式辫线袄是用纽扣把腰部束紧，从出土文物中发现，元代已经有由布制成的纽扣和用金属制成的纽扣，用于连接服饰，固定服饰。辫线袍在面料织造、纹样装饰和裁剪方式等方面吸收了中亚、西亚地区的艺术风格，其面料上图案多采用鹿、狮游牧民族或中亚特色图案，纹样排列多采用对鸟、对兽团窠式或联珠式，如中国丝绸博物馆藏元代织金锦辫线袍，在龟背地上织有游牧民族特色的滴珠奔鹿纹及伊斯兰风格的肩襕。

山西洪洞县广胜寺水神庙壁画保留得非常完整，壁画中人物的妆容、服饰、色彩、纹样等都清晰可辨，如图1-9所示。壁画中共绘制11个人物形象，从服饰形制看，11人中，有3人穿元代蒙古族服饰，其余均汉族装扮。壁画中前五人妆容、服饰、色彩、纹样各不相同，人物表情各异。根据元代陶宗仪文献记载，元代戏剧有五类角色：副末、副净、装孤、末泥、引戏。元代五类戏剧角色分工和扮演的角色各有差异：装孤是扮演官员一类的角色；副净又称参军，扮演装痴弄乖的角色；末泥是戏班的主唱，又是戏班的总管，主要负责唱吟；引戏负责开场舞蹈表演，同时兼任戏剧表演动作的解说；副末又称苍

图1-9　山西洪洞县广胜寺
水神庙壁画

鹘，主要负责调笑和插科打诨。陶宗仪《南村辍耕录》中记载："一曰副净，古谓之参军，一曰副末，古谓之仓鹘，鹘能击禽鸟，末可打副净，故云，一曰引戏，一曰末泥，一曰装孤。又谓之五花爨弄。"由于记载元代戏曲服饰的文献不多，也缺乏相应的实物资料，单从山西洪洞县广胜寺水神庙壁画种人物形象中很难确定画中人物角色。沈从文认为，壁画中前五人的形象不一定是代表元代戏剧的五类角色，壁画中描绘的是某一场戏的片段。

从目前出土的元代戏剧图像资料、元代服饰资料、元代戏剧文献资料，我们大概可以分析出元代戏剧服饰的主要特征如下。

（一）元代戏剧服饰突破了朝代和民族的限制

河南焦作元代墓乐舞陶俑和山西洪洞县广胜寺水神庙壁画中都有一个共同性特征，图像人物服饰既有头戴瓦楞帽、穿窄绣袍的元代蒙古族装扮，又有戴展脚幞头、穿圆领大袖袍服的宋代汉族官员装扮，戏剧服饰突破了朝代和民族的限制。经过宋金以来瓦舍百戏杂剧的发展，至元代，杂剧成为大众喜爱的娱乐活动，在元代的戏曲作者中，有许多蒙古族人如杨讷、杨景贤、阿鲁威等，因此，元代杂剧表演中有蒙古族人参与也不足为奇。河南焦作元代墓乐舞陶俑中，两个蒙古族的着装与山西洪洞县广胜寺水神庙壁画中蒙古族的着装都是头戴尖顶笠子帽，身穿系带式辫线袄，是身份较低的艺人、士兵装扮，与历史文献记载相吻合。山西洪洞县广胜寺水神庙壁画中的汉族服饰，年代也各不相同，画面正中心装孤角色穿宋代圆领大袖红色宽衫官服，画面左边第一人和右边第一人穿着有补子的汉族圆领官服，从左一头戴的软角幞头看，该幞头类型多见于唐代壁画中，其余汉族形象服饰年代不详细。

通过出土文物可见，元代戏班采用了蒙汉混合的形式，演员角色中既有汉族人又有蒙古族人。在服饰上也突破了年代限制，包括唐代的幞头、宋代官员服饰、元代蒙古族服饰等不同历史时期的服饰，反映出元代戏剧为了更好地塑造角色，在角色服饰上打破了单一朝代服饰的限制，通过混合不同时期的服饰类型来传递剧情。

（二）元代形成了具有程式化的戏剧服饰

根据元代陶宗仪《南村辍耕录》的记载及山西洪洞县广胜寺水神庙壁画的图像资料来看，元代戏剧服饰形成了以角色类型、角色身份区分着衣，具有程式化的戏剧服饰。以下通过山西洪洞县广胜寺水神庙壁画，分析元代戏剧服饰的程式化现象。

从舞台布置看，壁画中舞台后方两边各有一块布幔，左边的布幔画有位持剑男士，右边有一条张牙舞爪的四爪龙纹，布幔描绘的是持剑男士正准备与龙搏斗的场景，从布幔绘制的图像可以看出本台戏是打斗场景的戏，结合壁画中官员、士兵等服饰装扮，壁画中戏剧表演的题材可能是忠臣烈士类。布幔的作用是把戏台分为前后台，布幔前面为表演区域，布幔后面是演员休息场所，布幔两侧各有一小门，是演员的进出通道。布幔正上方挂有横副帐额，帐上写作"大行乐忠都秀在此作场"，元代著名戏班进行演出时，必须标示出主要人物角色，以此来吸引观众。"大行乐"是地名，说明戏班是来自于大行地区，"忠都秀"为戏班著名演员的艺名，元代女艺人都喜欢用"秀"做艺名，有出人头地的含义。"忠都秀"可能是该戏班的著名女艺人，应该是画中装扮官员的人，是戏中的主要角色，是观众认可的著名演员。通过把名角艺人名字挂在帐额上能够招徕观众，从而为戏班带来更多的收入。

由此可见，元代戏剧戏班已经相当成熟，舞台布景不仅充分考虑乐剧本表演题材，而且在舞台显要的位置挂出帐额，显示出戏班的名角色，以此来扩大戏班的影响力，形成了以盈利为目的的戏班组织。

从演员服装看，服装能够体现演员的性别、身份、民族、气质等特征。在服饰款式上，画面正中间是官员角色，穿宽袖大袍，头戴展脚幞头，服饰款式端庄大气，正气盎然。画面最左边和最右边，穿宋代直裰，直裰是背部中缝线直通到底的无襕长衣，是宋代士人、官绅穿的便服，僧道、居士也可穿着。画面最左边人物穿蓝色圆补直裰，头戴软脚幞头，直裰一侧撩起，系扎腰间，手持扇子，应为文人、士人角色。最右边人物穿黄色仙鹤直裰，头戴东坡巾，手握刀。画面左边第二人、第四人穿圆领衣，左边第二人服装为褐色、黑色相间，衣服敞开胸部，服饰纹样有动物毛皮纹样，应为武士角色，左边第四人穿蓝、黑，挂胡须，戴进贤冠，老者装扮，可能是老生角色。在服装色彩上，画面中人物服装色彩各不相同，画面中有红色、蓝色、黄色、黑色等色彩，整体色彩既有暖色系的黄色、红色，又有冷色系的蓝色，色彩色相差异明显，主要角色色彩鲜艳，次要角色色彩灰暗，反映出元代戏剧用服饰色彩来烘托角色的特征。

从演员妆容看，演员具有性格化的妆容，壁画中生、丑、旦及净的角色妆容各不相同。画面正中忠都秀面部白净，面颊略饰粉红，脸部白净红润，额头、鼻尖、下颌三处留白，眉毛为黑色，整体妆容精致，具有层次感，塑造出正气、威严的官员形象。忠都秀左手边，脸部挂胡须，神情严肃，面部深红，塑造出稳重、睿智的老者形象。忠都秀右手边，人物妆容采用夸张手法，整体面部红黑，眉如火焰，用白色粉末涂抹眼圈，给人张眉怒目的感觉，配合面部满髯，塑造出粗犷、豪放的人物形象。画面左右两边穿直裰的人物形象，面部白净，脸颊红润，眉毛柔和，在额头、鼻尖、下颌留白，塑造出文雅、知书达理的文人形象。由此可见，元代杂剧根据角色的性格特征进行区分塑造，运用夸张的手法，如挂假胡须、涂抹白眼圈、加粗眉毛等进行人物妆容的夸张处理，反映出元代戏剧角色妆容的成熟，具有程式化的角色妆容和脸谱。

三、明清时期戏剧服饰

明清戏剧服饰在宋元戏剧服饰的基础上进一步完善，最终形成程式化的戏剧服饰穿戴制度，一直沿袭到现代。明代杂剧服饰称为"穿关"，在《脉望馆钞校本古今杂剧》《裴度还带》等文献有详细的记载。从文献记载看，明代"穿关"严谨而复杂，由配饰、服装两大部分组成。具体服饰特征如下。

明代服饰制度作为"驭下之道"的一项重要措施，核心思想是恢复"中国之礼"，以礼治天下，以礼定尊卑、辨贵贱。明代之初主张恢复汉族传统服饰，《明太祖实录》记载禁止穿胡服"其辫发，椎发，胡服，胡语，胡姓，一切禁止。"虽然在明代服饰制度上禁止胡服，但元代服饰对明代服饰的影响广泛而且深远。明代在服饰制度上极力推崇恢复汉族传统服饰，但是从其服饰可以看出受到元代服饰的影响。例如，元代官服通过颜色和花纹进行等级区分，明代文武官员亦用补纹进行区分；明代许多帽子亦是从元代帽子中继承而来，部分服装形制亦采用元代服饰形制，蒙汉民族间的互动为服饰的融合与变迁提供契机，丰富了明代的服饰类型。

《脉望馆钞校本古今杂剧》和《裴度还带》中，记录了明代穿曳撒的角色类型：占山为王的武将，其服饰则以"万字巾"和"蟒衣（膝襕）曳撒，项帕，直缠，褡膊，带"；异族武将，穿"蟒衣曳撒，毛袄，闹妆茄袋"；太监角色，穿"官帽，蟒衣（膝襕）曳撒，鸾带"；衙内，穿"缨子大帽，膝襕曳撒，比甲"。例如，《脉望馆钞校本古今杂剧》记载的《三英战吕布》的"穿关"，吕布、关羽、张飞都穿蟒衣曳撒，在妆容、配饰、色彩上进行角色区分。《明史·舆服志》记载："永乐以后，宦官在帝左右，必蟒服，制如曳撒，绣蟒于左右"。从明代文献资料看，明代戏剧中武将、太监、衙内等角色穿曳撒。明代"穿关"中武将服饰有 20 套基本样式，其中 19 套都穿曳撒。明代戏剧中，武将"穿关"中的曳撒服饰，是对现实生活服饰的挪用，表明曳撒是当时武将常穿的服饰。

曳撒也称为"一撒""衣撒"等，"曳撒"一词最早出现在元末明初《碎金》中，在日用品类有曳撒的记载。对于"曳撒"名称来源，目前学界认为来源于蒙语"质孙"，这个词的原意"颜色"的发音或质孙宴上的"一色"衣有关。而从汉字字意去理解，"曳"亦表示穿戴、飘动，如"曳缟""曳娄""曳罗纨"；"撒"有散开之意，如宋《集韵》中"撒，散之也"。"曳撒"一词可表示一种穿戴起来会散开或飘动的服饰，用来描述服饰穿着后的状态，如金末元初诗人郝经的《怀来酒歌》中有"胡姬蟠头脸如玉，一撒青金腰线绿"，描述了胡人穿着腰线袍的情景。笔者认为，"曳撒"名称发音来源于蒙语"质孙"的原意"颜色""一色"，明代人根据汉字的本意，用发音相近的汉字"曳撒"替代蒙语"颜色""一色"来表示元代时期的质孙服，其发音来源蒙语，而其意也相对准确地表述了"曳撒"穿着时由于腰部紧束而下摆宽大行走时会摆动的状态。明代曳撒形制来源于元代的辫线袄，从文献资料来看，辫线袄腰部断开及腰部褶裥的形制在明代服饰中得以继承，并发展出许多新样式，如曳撒、程子衣、贴里、顺褶等服饰。明《三才图会》绘有明代刻期百户官穿腰线袄，除袖子和领部外，其形制与元代辫线袄相同。"刻期的腰线袄子，衣身也是标准的辫线袍，袖子的肥度略有增加。"曳撒束腰、腰部断开、腰作褶裥、下摆宽大的形制与蒙元辫线袄的主要形制特征大致相同，明人王世贞撰《觚不觚录》记载："衣中断，其上有横折，而下复竖折之，若袖长则为曳撒。"明人刘若愚《酌中志》中记载："曳撒，其制后襟不断，两旁有摆，前襟两截，而下有马面摺，往两旁起。"《觚不觚录》和《酌中志》描述的曳撒形制为衣身前后形制不一，后为整片，前则分为两截，腰部以上与后片相同，以下则折有细裥，裥在两侧，中间无裥，显然受到蒙元辫线袄的影响。图1-10所示为笔者绘制的元代辫线袄，图1-11所示为笔者绘制的明代曳撒。

图1-10　元代辫线袄线描　　　　　　图1-11 明代曳撒线描

　　从出土文物来看，曳撒保留了辫线袍形制的主要特征，但在样式上两者亦有差异。曳撒腰部相比辫线袄要宽松，整体服饰的长度也有所增长，辫线袄的窄袖也为适应汉族传统服饰文化而适当加宽成大袖。曳撒腰部相比辫线袄要宽松，整体衣身廓形呈A字型，衣身胸部至下摆逐渐增大，没有明显收腰。曳撒的袖子相比辫线袄更大，曳撒为汉族服饰的大袖，这种袖型在传统大袖的基础上进行了改良，从袖窿至袖口逐渐增大，而袖口又制作成小口形式。辫线袄为游牧民族的窄袖，从袖窿至袖口逐渐缩小，整体袖型呈锥形状。由此可见，辫线袄传入以农耕文化为主的汉族地区，由于汉族的生产方式及文化思想的不同，其款式结构有局部改变。明代曳撒袍腰部辫线少，多是用本身衣片面料做成横褶于腰部，腰部腰线用本身面料直接打褶。明代曳撒的系结多为系带式，扣带式和纽襻式不多见。曳撒腰部两边有马牙褶，而中间无褶，形成马面状，其做褶方式是在前襟腰线左右两边的部位先打马牙褶，后做顺褶，褶裥不规则。曳撒装饰的重点在前胸、后背、下摆，上身根据服饰穿着者的等级身份分别装饰龙纹、飞鱼、蟒纹等较大的图案，纹样构成多为团窠式。曳撒下摆有织成 15～20 厘米的横襕，纹样类型与上身一致，纹样排列为连续式。

明朝灭亡后，清政府针对着装制定"十从"和"十不从"政策，在"十不从"中，允许优伶的服饰可以不用满族服饰，在戏曲表演时，仍可以穿着明代汉族服饰进行表演，因而明代传统戏曲服饰在清代得以保留下来，其中的主要部分流传到现代。越剧服饰中主要采用汉族传统服饰形制，其中有许多服饰形制来源于明代，如蟒纹、褶子衣等。从明代的"穿关"可以看出，"穿关"种类多样，有袍、曳撒、直身、甲靠、衣衫、襕、贴里、裙等形制，相同形制的服饰往往会有多种穿着搭配。例如，吕布、张飞、关羽都穿蟒衣曳撒，吕布头戴三义冠雉鸡翎，张飞头戴包巾，关羽头戴渗青巾，使得角色具有明显的区分。明代"穿关"不仅通过服饰的形制区分角色，而且服饰具有特殊的符号意义，以此进一步区分角色和塑造角色。

明代"穿关"的符号意义主要通过服饰的款式、色彩、纹样进行表达。在"穿关"款式上，明代戏剧中服饰采用了生活中的服饰款式，用生活中的服饰款式传递人物的身份、地位，例如武将穿曳撒，曳撒是明代宫廷内臣穿着的服饰，在戏剧中穿曳撒的形象有衙内、太监、武将等，可以较明显地指示出穿着者的角色身份及地位。明代戏剧中，富有员外穿直身，道士穿边襕道袍，文武官员穿圆领袍，状元穿襕，武将穿曳撒等，可以看出根据角色的身份、地位、民族进行区分着衣。

明代"穿关"除了在服装的款式上区分身份，在服装的配饰上也进行角色区分。"穿关"中的带饰，明代文献记载的"穿关"带饰有十三种，是根据角色的身份、民族、地位进行区分。通常状元及文官用偏带，武将用鸾带，道士用茶褐带，年龄较小的用闹装带，富有员外用钩子困带，下级文官用角带，无官职的人用绦带，少数民族的角色用皮条茄袋等。明代"穿关"的首服也具有符号指示功能，通常状元头戴幞头，富有员外及无官职人员戴一字巾，武将戴双檐钢叉帽，神仙戴凤翅盔，少数民族角色戴狐帽，下级官员戴纱帽。

明代"穿关"的纹样上，同样具有符号意义，通过纹样传递身份、等级。例如，高级武将穿蟒衣曳撒，蟒衣曳撒是一种在曳撒上刺绣蟒纹的服饰，明代蟒纹是身份等级较高的人穿着的服饰，在戏剧表演中穿蟒纹可以表示角色的身份高贵。明代的文武官员穿有补子的官服，文官服饰以孔雀、锦鸡等禽类纹样进行等级区分，武将用豹、虎等兽类纹样进行等级区分。在明代戏剧服饰中，文武官员穿补子圆领，补子圆领是在圆领服饰的前胸后背绣禽兽类补子纹样，用来区分角色的身份和等级。由此可见，明代戏剧服饰具有明显的符号意义，在宋元戏剧服饰的基础上，明代的戏剧服饰样式更加丰富、规范，不同戏剧角色的服饰有比较详细、明显的区分。

值得注意的是，明代的常服也被沿用到戏剧服饰中。翼善冠是明代帝王的常服，明代翼善冠的形制经过改变后被挪用到戏剧舞台、绘画上，其符号象征意义通过戏剧形象及图形图像等艺术形式被传播。在京剧、越剧、昆曲等传统戏剧的王帽上，仍旧保留了明代翼善冠的基本形制，王帽的前屋、后山及折角结构与明代翼善冠差别不大。在明清的书籍插图及版画中，亦可以看到明代翼善冠的影子。收藏于大英博物馆的一张清代版画中，一个王者模样的人与一个女子在下棋，头上的帽子是一顶明代翼善冠改装的模样，帽子的前屋、后山及折角等结构与明代翼善冠基本相同，不同之处是其帽子的正前端加了一个缨球。

明朝灭亡后，明代服饰制度也随之消失，清代继承了明代的戏剧服饰穿戴制度，明代戏剧服饰被延续到清代，对后世的戏剧服饰具有深远的影响。

综上所述，从中国表演服饰的发展历程来看，可以归纳出中国戏剧服饰的发展规律：一是中国戏剧服饰经历了由拟态服饰到乐舞服饰，由乐舞服饰到观赏性服饰，由观赏性服饰到程式化戏服的发展过程。二是中国戏剧服饰来源于生活，而又高于生活。中国戏剧服饰都可以在日常生活服饰中找到原型，同时，又在日常生活服饰基础上进行改良，以便满足表演的需求。三是中国戏剧服饰由注重礼仪功能性到注重装饰性转变。早期的拟态服饰以扮演各种动物、神灵形态为主，其目的主要是让扮演者能够进入与神灵沟通的状态，服饰起到沟通人与神灵的桥梁，并没有自觉、主动地进行艺术装饰。到明清时期，中国表演服饰不仅形制多样，而且做工精细，在满足服饰的表演功能的同时，服饰呈现出尽善尽美的装饰特征。四是中国戏剧服饰受到政治、经济、文化等方面的影响，在程式化的衣厢形制中，呈现出多元一体的服饰文化融合现象。从宋代戏剧服饰程式化的形成，到明清时期戏剧服饰程式化的完善，都体现了以汉族服饰文化为主体，掺杂少数民族服饰文化，特别是游牧民族及满族服饰文化，具有多元一体的服饰文化品格。中国戏剧程式化衣厢多元一体的文化格局，显示出传统汉族服饰对其他少数民族服饰的包容性及融合性，丰富了戏剧服饰的形制，也为当代戏剧服饰设计提供了借鉴和经验。五是中国戏剧表演团队大致分官办和民办，艺人表演的观众对象分为上层阶级和下层阶级，在封建社会早期，艺人主要服务的对象是王公贵族，具有政治及礼仪目的。到了宋代，文人雅士参与到民间戏剧创造，戏剧表演开始呈现出雅俗共赏的趋势，在服饰上体现出以审美及人物角色分别着衣的程式化衣厢。明清时期，戏剧服饰既有体现上层阶级审美"雅致"的一面，又有体现平民阶级审美"俗"的一面，在"雅"与"俗"之间，造就了中国传统戏剧服饰的特殊性，成为中国传统服饰文化艺术的瑰宝之一。

第二章　越剧服饰的产生与发展

任何一种艺术形式，在其成长与发展过程中，都与当时的社会政治、经济、文化紧密相连。越剧能在中国传统戏剧中脱颖而出，成为中国第二大戏剧，与越剧所处的江南地域文化有很大关联，江南独特的地域文化为越剧的发展提供了文化土壤。

第一节　地域文化对越剧服饰的影响

绍兴嵊州是越剧的发源地，绍兴地处中国的长三角，从春秋战国时期，越国以绍兴为首都，最终成为称霸一方的强国。经过秦汉与两晋的不断发展，到了唐代，越州已经成为繁华的大都市。南宋时期，随着南宋迁都临安，绍兴作为南宋的陪都，大量的能工巧匠从北方迁徙而来，浙江地区的经济和文化得到进一步发展，市井文化出现空前繁荣，临安城出现了"瓦舍勾栏"专门的商业演出中心，而以温州地区为代表的南戏也开始初步发展，南戏的戏曲表演在南宋迁都临安时得以继续发展。明清时期，杭州、苏州、南京、常州、嘉兴、绍兴、湖州及宁波等江南地区商品经济得以发展，江南地区逐渐成为中国的经济、文化中心，形成了与北方截然不同的古典文化体系。清代末期，随着西方文化的渗透，上海逐渐成为中国现代文化的发源地之一，江南地区文化出现了以民间文化、古典文化、现代文化为代表的多元一体的文化格局，越剧在江南地区多元一体的文化格局下不断成长，把民间文化、古典文化及现代文化融为一体，其演出剧目及唱腔通俗易懂，同时又具有诗情画意的气质，深受大众喜爱。

一、乡土气息浓郁的民间文化

绍兴地处江南地区南翼，是吴越文化的发祥地之一，其区域内有众多历史文化古迹，同时也是国务院首批公布的中国历史文化名城之一，整个城市被称为"没有围墙的历史博物馆"。绍兴在深厚的文化浸润下，滋生了丰富多彩的民间文化，拥有多达 3358 项各类非物质文化遗产，其中民间文学 2304 项、民俗 276 项、戏剧 51 项、曲艺 109 项，丰富的民间民俗文化遗产为越剧提供生长的土壤。越剧发源于嵊州，并不是偶然现象，与嵊州当地的民间文化有着深厚的渊源。在越剧出现以前，嵊州地区就有嵊州吹打、目连戏、莲花落、调腔、平湖调等民间非物质文化遗产。李世泉、袁福生及高炳火等早期越剧艺人都有多年的落地唱书经验，在 1906 年正月李世泉、袁福生及高炳火等早期越剧艺人在浙江于潜县乐平乡等地进行落地唱书表演时，应当地农民的邀请，在晒谷场搭台演出，穿着长衫马褂的落地唱书艺人便在简陋的舞台上进行表演，深受当地农民的喜爱，在於潜县演出了近一个月，至清明节前后结束。在於潜县搭台演出是临时受当地农民的邀请，没有任何的准备，所穿着的表演服饰直接用落地唱书的长衫马褂。李世泉、袁福生及高炳火等南派落地唱书艺人在於潜县把唱书发展成演戏的成功经验，吸引了以北派落地唱书艺人的注意，北派落地唱书艺人认为把唱书改成演戏有利于剧组的发展，会有更多的观众，最终在大财主陈万元的支持下，在 1906 年清明节前后，北派落地唱书艺人在浙江余杭县（现余杭区）陈家庄用八仙桌子搭起简陋的戏台，从当地大户人家借来秀才帽子、长衫马褂和女子的嫁衣等服饰演出了《珍珠塔》剧目。1907 农历三月初三，绍兴嵊州市甘霖镇东王村的李世泉、袁福生及高炳火等艺人，利用回家春耕农忙之季，在香火堂前搭台，进行了越剧第一次具备戏曲表演元素的演出，演出了《十件头》《双金花》和《倪凤扇茶》等剧目。这次演出确定小生穿竹布长衫，小旦穿妇女花衫裙，大面穿长衫马褂。从越剧早期形成的经过可以看出，早期越剧艺人是由一群农民发起，而这些农民都具有丰富的落地唱书经验，常年扎根田地泥土，使越剧的曲目具有浓郁的乡土生活气息，更能表达广大农民的喜怒哀乐。例如，早期越剧《十件头》，"十件头"是嵊州土话，即十件事情。《十件头》讲述了农家少女与青年农民恋爱的故事，农家少女劝诫青年农民不要做抽烟、喝酒、赌博等十件事情，十件事情都是劝人弃恶从善，具有道德教化作用，整体戏剧内容简单，在故事情节上符合农民期盼生活安宁的淳朴心愿。同时，绍兴地区的一些乡土歌谣，如《九斤姑娘》《懒姑娘》《蚕姑娘》及《绣荷包》等剧目，其剧目内容都具有浓郁的乡土气息和地方特色，被越剧艺人搬上舞台。越剧把绍兴地区民间文化融入剧目表演中，使得越剧具有平易近人的特色，在民间有深厚的群众基础。同时，越剧剧目用具有乡土气息的题材来进行演出，让越剧的文化基因更具有独特性，相比昆曲和京剧，越剧乡间淳朴的气息显得更弥足珍贵。昆曲为了迎合文人雅士的审美趣味，其服饰品类丰富，制作工艺精美，常耗巨资进行服饰制作。《顾丹五笔记》中记载："织造李煦莅苏三十余年，管理浒墅关税务……公子性奢华，好串戏廷名师以教习梨园，演《长生殿》传奇，衣装费至数万，以致亏空千万。"李煦在苏州管理织造局长达三十多年，康熙皇帝五次巡视江南都是李煦安排接待，为了讨好康熙皇帝，大兴土木，耗巨资建造宏伟的楼宇及置办各色精美物品，深得康熙皇帝信任。康熙皇帝南巡后，李煦在财力及官场上都得到皇室的关照，积累了丰厚的财富，生活富裕，养成了李煦长子李鼎奢侈的习惯。李鼎爱好昆曲，不仅喜欢看昆曲，而且喜欢串演昆曲角色。李鼎对昆曲的热爱，以至于不惜花巨资请名师教习戏班演戏，常常花费数万银两置办服饰，以至于亏空千万银两。笔者认为，《顾丹五笔记》记载李鼎花费数万银两置办《长生殿》昆曲服饰，《长生殿》是清代初期洪昇创作的戏剧，故事以唐明皇和杨玉环的爱情故事为主线，表现的是大唐鼎盛时期帝王与爱妃之间的生活事迹，为了体现盛唐时期的皇家气派，在表演服饰上可能采用妆花、缂丝等技艺去织造，妆花、缂丝技艺中会把黄金捻成金线，穿插在纬线上，形成各种图案。妆花、缂丝技法不仅耗费人力和工时，而且需要使用大量黄金，从而达到富丽堂皇的皇家气派。李鼎家族是苏州织造局管理者，当时苏州织造局已经掌握妆花、缂丝技法，专门负责皇家的服饰制作，所以李鼎为了让《长生殿》的戏服具有皇家气派，会使用妆花、缂丝等当时供皇家使用的织造技术去织造戏剧服饰。苏州昆曲服饰不仅织造精美，用材奢侈，而且款式变化多样。沈朝初《忆江南》词中也表达了昆曲服饰的奢华："苏州好，戏曲协宫商，院本爱看新乐府，舞衣不数旧霓裳，昆调出吴闾。"可见制作昆曲服饰形制变化丰富，而且服饰制作需耗巨资。乡土气息是早期越剧重要的文化基因，因此，绍兴地区当地老百姓日常着装，如小衣、长衫、小裤及马甲等成为早期越剧艺人的表演服饰，早期越剧简易的民间日常服饰与昆曲服饰的奢华形成鲜明的对比。

早期越剧剧目题材来源于民间，讲述的是通俗易懂的民间故事，而进行表演的艺人亦是农民，正是这种充满乡土气息的表演，让越剧充满生活之美，也使越剧表演充满活力。柳宗悦在《日本民艺美术馆设计立旨趣书》中写道：

"如果要追求从自然中产生的健康、朴素、充满活力的美的话，那就必须来到民艺的世界。"越剧服饰在发展过程中，也吸收民间艺术特色，如越剧《孔乙己》中，使用具有绍兴特色的乌毡帽及蓝印花，乌毡帽是绍兴民间独具特色的帽子，是用羊毛毡做成的黑色小帽，具有防风保暖功能，在绍兴民间广为流传；越剧中云肩的造型与色彩来源于绍兴地区民间云肩，如如意形云肩，寓意着事事如意的内涵；越剧服饰根据绍兴地区特产，就地取材，使用大量珍珠作为装饰。绍兴地区水网密布，有着悠久的珍珠养殖历史，在服饰中运用珍珠装饰是绍兴民间的特色，越剧服饰把珍珠串联成串，做成各种服饰道具，如珍珠项链、珍珠耳环、珍珠流苏、珠绣装饰纹样等。越剧中女性穿着的裙子亦来自民间的马面裙。越剧的马面裙两边打褶，形似"马面"，马面裙是江南民间女性的日常装饰，越剧早期采用了民间马面裙的式样，前后都有"马面"，后在越剧名家袁雪芬的改良下，去掉后面的"马面"，褶子改成五分宽的百褶裙。由此可见，起源于民间文化的越剧，其服饰亦受到绍兴地区民间服饰的影响。

综上所述，绍兴地区独特的文化土壤对越剧服饰产生了深远的影响，越剧服饰吸收绍兴地域文化中的民间文化，使得越剧服饰在中国传统戏剧服饰中独具特色，成为越剧文化遗产中不可或缺的一部分。正如俄罗斯车尔尼夫斯基《艺术对现实的审美关系》中所述："艺术来源于生活，而高于生活。"越剧服饰也是如此，越剧起源于民间，其服饰采用了民间生活服饰，同时，对生活服饰进行改良，使越剧服饰不断完善，最终发展成符合越剧特色的服饰体系。

二、刚柔并济的"胆剑精神"

越剧服饰深受绍兴民间服饰文化的影响，同时，绍兴地区深厚的古典文化潜移默化地影响着越剧中角色的设定及服饰。在越剧经典的爱情剧目中，大部分是才子配佳人的剧情模式，虽然在其他戏剧中也有这类题材，但越剧中的才子佳人与其他剧种还是有很大的区别。从越剧中的才子和佳人角色的性格设定，可以看出绍兴古典文化的烙印。越剧剧目中的女性角色也有绍兴地域文化特征，越剧中女性角色性格设定受到吴越文化的影响。吴越文化是中国古典文化的重要组成部分。吴越文化中既有江南地域诗情画意柔美的一面，同时又有坚韧不拔的"胆剑精神"，因此，绍兴地处吴越文化的中心，其人物性格同时具有"柔"与"韧"的特征。越剧中女性具有诗情画意的东方柔美形象，更有敢作敢为与坚韧不拔的精神内核。越剧《梁祝》里的祝英台、《碧玉簪》里的李秀英、《孔雀东南飞》里的刘兰芝及《花中君子》里的陈三两等具有越剧特色的女性形象，在其人物性格中兼具"柔"与"韧"两种品格，一方面体现了委婉温柔的东方女性形象，另一方面表现了女性为追求美好爱情坚韧不拔的意志品质。越剧服饰为了突显剧目中女性"柔"与"韧"的精神内核，在服饰设计上大胆革新。为了表现越剧女性角色柔美的一面，越剧服饰在色彩上突破"上五色、下五色"的限制，大量使用粉色系，如粉红、粉蓝、中黄等颜色，体现女性的清新柔美；在款式上，结合现代服饰设计理念，运用收省道及提高腰线等手法，体现女性的曲线之美；在服饰配饰设计上，大量使用珍珠、流苏、云肩等元素，体现东方女性之美。为了表现越剧女性坚韧的品质，在服饰上会让女性穿着男性服饰，比如《梁祝》里面的祝英台，其服饰形制与梁山伯服饰并没有区别，两者的区别主要用色彩来表示，祝英台一般穿象征女性的粉红色，梁山伯穿象征男性的蓝色。在越剧女性角色中，女性武将角色是其特色之一，如《双烈记》里面的梁红玉、《穆桂英挂帅》里的穆桂英，为了表现女性巾帼不让须眉的英雄气概，两者都穿武将服饰"靠"，又因为要体现女武将，其服饰色彩采用红色，体现出"刚"与"柔"合并的特色。越剧女性中刚柔并济的角色定位，与绍兴地区兼具"柔"与"韧"的古典文化气质是一脉相承的。正是这种独具魅力的女性形象，使得越剧女性角色题材不束缚于表现儿女情长，而是颂扬女性在坎坷崎岖的人生境遇下，用坚韧不拔的精神去追求理想、爱情、尊严及贞洁等更高层次的人格品质，塑造出立体、饱满及高尚品德的女性形象，丰富了中国传统女性形象的精神内核及艺术魅力。

三、重商崇文的士人文化

越剧剧目中男性才子角色性格的设定同样也受到吴越文化的影响，越剧剧目中才子形象是江南地区重商崇文下的士人文化的直接反映。江南地区涌现出钱谦益、王阳明、唐寅、文徵明、黄宗羲、顾炎武等一批文人雅士，形成了独具特色的江南士人文化。江南士人有以下几个显著特点：

一是热衷于追求科举及第，学而优则仕。明清时期，江南地区经济繁荣，物质生活富裕后，人们把重心放在追求精神生活上。美国著名社会心理学家亚伯拉罕·马斯洛需求层次理论认为：人类需要具有五个阶段，即生理的需要、安全的需要、归属和爱的需要、尊重的需要和自我实现的需要。生理的需要是人类低级需要，包括食物、水分、空气、睡眠的需求；安全的需要是人类需要安全、稳定、人身安全受到保护的需要；归属和爱的需要是人类社交、建立感情的需要；尊重的需要是人类高级需要，是人类通过自身的努力，获得他人的尊重与认可；自我实现的需要是人类最高级的需要，是指超越自己或发挥自己潜能的需求。这五个阶段的需要由低及高，层层递进，其中生理的需要和安全的需要是建立在物质条件充足的基础之上，是人类对自身生命安全保障的基本需求，而归属与爱、尊重、自我实现的需要是建立在生理及安全需要的基础上。人类只有满足基本的生活物质条件，才可能追求更高层次需求，比如爱情、知识、权力等。江南地区繁荣的经济为人们提供富裕的生活，为崇文提供物质条件，清代叶梦珠《阅世编》记载："富商巨贾，操重资而来市者，白银动以数万计，多或数十万两，少亦以万计。"江南地区经济发达，富裕后的江南人重视文化教育。当然，江南地区的士大夫崇尚文化，有强烈的功利性，希望通过文化教育进行科举，从而实现科举及第，进入仕宦，实现名利双收的人生需求。明清时期，江南地区书院盛行，苏州、绍兴、宁波、嘉兴、杭州、湖州等地出现了许多书院，且江南地区科举及第的人数明显高于其他地区，江南进士占全国的15%，其中明代状元1/4来源于江南地区，清代浙江共培养出20名状元。江南士人热衷科举及第在越剧剧情中有明显体现，成为剧情发展演变的重要线索。例如，越剧《玉簪记》中潘必正，剧本围绕潘必正和陈妙常之间的爱情故事展开，潘必正科举及第入仕，最终迎娶陈妙常。剧本宣扬了男儿科举及第才是人生正道的主题思想，士人只有科举及第入仕后，才能算功成名就，由此可见，士人学而优则仕是江南地区文人的人生追求，因此，在越剧服饰中，官生（扮演官员）服饰一般头戴乌纱帽，穿绣有补子的服饰，来重现古代士人科举及第的场景。越剧中的"才子"角色性格温文儒雅、知书达理，越剧《陆游与唐琬》《梁祝》《白蛇传》等，都是以才子配佳人的模式进行剧本创造，越剧中的才子具有仪态美、声音美、舞姿美、语言美，这些美感的呈现是一种由内到外的体现，是在饱读经书后所呈现出的优雅与从容。

二是江南士人才华横溢，擅长琴棋书画等文艺，放荡不羁、风雅多情。江南士人知书达理，且具有浪漫主义精神，涌现出许多才子与佳人的故事。才子与佳人的风流韵事，为戏剧提供创作素材，如唐伯虎与秋香、钱谦益与柳如士等。江南士人在饱读诗书的同时，在艺术领域也表现出其卓越的才华，形成了具有江南特色的艺术品位，出现了如"吴门画派""浙江画派"等著名艺术画派，是中国艺术绘画的重要组成部分。江南地区士人在艺术领域的审美品位有一致性，其建筑、绘画、雕刻等都具有清淡雅致的审美特征。江南地区的建筑以园林为典型，建筑体现了文人的审美情趣，江南大才子文徵明参与了苏州拙政园的规划与设计，拙政园景观布局如一幅山水画卷。文人名士参与江南园林建设使得园林审美品位具有文人特色，江南园林以水为贵，建筑色彩清新淡雅，明代计成《园冶》中认为："凡结林园，无分村郭，地偏为胜，开林择剪蓬蒿；景到随机，在涧共修兰芷。径缘三益，业拟千秋，围墙隐约于萝间，架屋蜿蜒于木末。山楼凭远，纵目皆然；竹坞寻幽，醉心既是。轩楹高爽，窗户虚邻；纳千顷之汪洋，收四时之烂漫。梧阴匝地，槐荫当庭；插柳沿堤，栽梅绕屋；结茅竹里，浚一派之长源；障锦山屏，列千寻之耸翠，虽由人作，宛自天开。"江南的园林体现了文人雅士的审美趣味，在古朴雅致的格调中营造出诗情画意的空间，反映出江南士人的浪漫主义情怀。江南文人雅致朴素的审美趣味在越剧服饰中也有体现，越剧服饰主要的装饰部位在领部、袖子及下摆处，整体服装留白面积很大，与京剧服饰繁杂的纹样形成极大反差。服饰上的留白使服装简洁而精致，也同时让观看者有想象空间，虽然是空白，但通过联想可以产生更高的审美境界。服饰上的留白手法与江南园林的粉墙黛瓦有着异曲同工的目的，在虚与实的画面空间中，使人产生丰富的联想。江南园林把白墙比作画纸，而假山、自然景观、精致的雕窗，让观看者感觉置身于如诗如画的山水画卷中。越剧服饰把服装面料比作画纸，而服装中的花鸟、昆虫、云纹等精致的刺绣，在表演者曼妙的舞姿及身体移动中，如一副鸟语花香的诗意画卷，让观众获得了如诗般的审美感受。

　　江南士人的风流精神对越剧剧目中"才子"角色的人物性格设定具有重要影响，越剧的剧目比其他剧种更具浪漫主义色彩，打破封建伦理的禁锢，突破古代婚姻讲究"门当户对"的思想禁锢，宣扬才子佳人为追求真爱的人生真谛。越剧中才子佳人的爱情故事有几种比较固定的模式：一是贫穷书生与富家小姐的故事，如越剧《梁祝》中的梁山伯与祝英台，《五女拜寿》中的邹士龙与杨三春，《西厢记》中的张生与崔莺莺，这类故事中，才子多才华横溢、品格高尚，但出身贫寒，而佳人被才子的才华深深吸引，两者之间的爱情是高雅的心灵交合；二是富家公子与贫穷小姐的故事，如《情探》中状元王魁与妓女敫桂英的故事，这类故事中，主要凸显才子多情多义的品格；三是富家公子与富家小姐的故事，如《陆游与唐琬》，该剧目讲述的是陆游与唐琬相互爱慕对方的才华，从而产生高雅的心灵交合的感情。从越剧固定的才子佳人爱情故事可以看出，越剧中才子具有超越万物的心，在生活中遵从自我，所以能够突破封建礼教的禁锢，从而超越自我，获得绝对的幸福。越剧中才子在选择爱情时，不是追求身体及生理的愉悦，更多的是追求高雅的心灵交合。为了获得高雅的心灵交合的爱情，才子一般是才华横溢、满腹经纶、琴棋诗画样样精通，而才女往往是被才子的才华及品格所吸引，因此，越剧中的才子比其他戏剧中的才子多了些浪漫主义精神，这也是越剧才子角色的魅力所在，具有江南士人的风范。越剧才子的浪漫主义精神，对越剧服饰的设计有着重要影响。在越剧表演时，才子所穿的衣服多有象征高尚品格的梅、兰、竹、菊等纹样，为了体现才子的浪漫精神，服饰色彩会选用淡粉、淡黄、淡蓝等饱和度低、明度高的色彩，让才子少了些文人的木讷，多了些风流，同时才子一般手握折扇，使才子形象不仅文质彬彬，而且风雅多情。

四、现代时尚的海派文化

越剧是年轻的剧种，在其发展过程中，西方文化正慢慢渗透中国传统文化的各个领域，"中西合璧""西学东用"成为那个时期的文化思想主流，越剧在传统文化巨变中发展并完善，自然而然地会把当时的文艺思想与自身特色相融合，这也是越剧在众多剧种中脱颖而出的关键因素。虽然越剧起源于绍兴嵊州，随着越剧的不断发展和演变，特别是进入上海之后接受新文艺的影响，借鉴了西方话剧、电影的舞台艺术设计方法，越剧服饰突破传统戏剧服饰程式化的束缚，逐渐形成符合越剧唱腔的表演服饰。越剧的发展过程中，借助上海国际大都会平台，越剧艺术不断突破与提升，最终发展成为中国第二大戏剧形式。上海多元融合及充满现代气息的都市文化，不断为越剧注入新鲜血液，促使越剧与时俱进，完成了一次次的革新和超越。海派文化对越剧发展的影响是多方面的，对越剧的剧目、表演方式、唱腔、舞台布景、服饰等都有极大的影响，促进了越剧表演艺术的发展。

越剧起源于嵊州农村，最初戏台搭建简陋。1906年正月，李世泉、高炳火等南派落地唱书艺人在浙江於潜县乐平乡的戏台搭建在程家祠堂的晒谷场上，是用门板及稻桶搭建的露天舞台，演员穿着的服装是落地唱书表演时的长衫马褂；1906年农历二月，赵顺昌、马潮水等北派落地唱书艺人在浙江余杭县（现余杭区）陈家庄用几张八仙桌拼搭起简陋的戏台，演员穿着的服装是借来的秀才帽、长衫马褂及女人嫁衣；1906年3月，李世泉、高炳火等艺人在浙江嵊县（现嵊州市）东王村李世泉家隔壁的香火堂前，用四只稻桶和门板搭建戏台，演员穿着的服装是借来的长衫、马褂及花布裙。从落地唱书曲艺表演到初具戏曲表演形式的越剧转变，这三次戏台布景、灯光、服装都相当简陋与随意，戏台临时搭建在香火堂前、晒谷场、庙堂等农村公共场合，方便农民观看。戏台的道具也是用农民自家的八仙桌及凳子，道具简单。服装是借用当地农民的家常服饰，并没有专业的戏服。总体来说，起源于农村的越剧，在越剧成形之前，并没有专业的舞台布景、灯光、道具及服饰设备，极为简陋。

越剧在小歌班时期，出现了后台老板及领班，具有商业化性质，开始向城市发展。1917年5月，袁木生小歌班艺人经上海镜花戏园老板俞基椿介绍，在上海新化园演出，该舞台是能容纳200多人的草棚，演员穿着的服装是租赁绍兴大班的蟒袍及绣花裙衫；1917年6月，"梅朵阿顺班"在上海镜花戏园进行演出，镜花戏园是专业的戏院，是绍兴大班在上海演出的重要场所。之后，小歌班艺人先后在上海的华兴戏园、民兴茶园、明星戏院等专业戏园进行演出，舞台布景、灯光、道具及服饰逐渐变得讲究和专业化。随着越剧由农村演出到城市化专业戏院演出，越剧的舞台、服饰等向精致化、现代化、专业化转变，传统的一桌二椅的舞台表演方式被立体化的舞台布景所取代。越剧在上海有固定、专业化的演出戏院，对演出的内容及质量有了更高的要求，对舞台布景、灯光、服饰、化妆、道具等方面都提出了要求，在这种背景下，越剧服饰的创作主题从戏院老板转变成分工更细、更专业的以知识分子构成的创作主体。知识分子加入越剧服饰的创新，把现代设计理念融入越剧服饰中，突破传统戏曲衣厢的固定化模式，设计出适合越剧艺术特色的服饰装扮，推动着越剧向都市化转型。越剧从农村地区临时搭戏台到上海都市化、专业化的戏台的转变，获得了与高水平的戏曲表演活动交流的机会，在表演风格上也逐步向都市居民的观剧习惯和审美品位靠近，获得了更大的市场空间，完成了越剧向都市化、现代化的转型。

20 世纪 30 年代，上海是中国当时经济最为发达和文化最具现代气息的都市之一，聚集了天南地北的戏曲品类，比较活跃的有京、越、昆、粤、淮、沪等，集聚了大量的戏剧门派和戏剧大师，成为戏曲市场的风向标。上海是当时中国戏曲演出市场最为成熟的城市，不同戏剧品类同台竞争，促进了演员及剧种之间的交流，越剧在与其他剧种交流与学习中，服装快速摆脱"无衣可穿"的窘境，形成了一套适合戏剧表演的服饰衣厢。1938 年，越剧女班艺人姚水娟在上海越吟舞台表演时，对越剧的舞台布景、灯光、道具及服饰进行了改良。上海繁荣的戏剧市场为越剧表演提供了经济支撑，使戏班有资金去配置表演服装，一些著名的越剧演员，也会配置自己的戏剧服饰。例如，王文娟认定"蒋顺兴戏衣庄"的定制戏服，姚水娟、尹桂芳、袁雪芬等在"祥泰顺戏庄"定制戏服。

上海繁荣的戏剧演出市场带动了戏装行业的发展，上海成为当时戏装行业规模最大的城市。上海的戏服行业最初是由苏州移入，苏州制作的戏服主要以苏绣为特色，供应宫内戏班使用，做工精致、美观。20 世纪 20 年代，苏州戏装制作艺人在上海的城隍庙、五马路一带开设戏服作坊。当时在上海规模较大的戏服作坊有王隆泰戏庄、申泰戏庄、吴生泰戏庄、叶森泰戏庄、杨恒隆戏庄、卫成泰戏庄、天昌戏庄、蒋成新戏庄、祥泰顺戏庄、隆森泰戏庄等。随着上海戏服需求的扩大，戏服制作分工越来越细，例如，"江记绘画庄"是专门设计戏衣的画庄，"方惠记盔帽作"是专门做越剧巾帽的作坊。上海成熟的戏服行业，为在上海进行表演的越剧戏班提供了高品质、专业化的戏服，越剧演员常去"祥泰顺戏庄""蒋顺兴戏衣庄""方惠记盔帽作"定制越剧服饰。

越剧借助上海国际化大都市平台，不仅使越剧表演艺术得到提升，而且扩大了越剧在戏剧界的影响力。上海都市文化的繁荣，得益于发达的新型传播媒介，为上海文化产品搭建了丰富、立体的针对都市居民的传播渠道。在商业化经营模式下，越剧以文化产品的形式进行包装、宣传，借助上海发达的新闻媒体宣传，让更多的人认识和了解越剧。越剧到上海后，为了适应上海的演出市场，从传统戏班转向商业化戏园运作模式转变。越剧商业化运作模式的转变，受到京剧海派艺术的经营方式的影响，海派京剧大部分采用戏班和戏院合为一体的经营方式。戏院老板带戏班来戏院演戏，演出收入全部归戏院老板，戏院老板可以自行选择各类角色组班演戏，演员服装、舞台道具由戏院老板提供，演员按月从戏院老板领取包银。越剧进入上海演出也采用了海派京剧的运营模式，戏院老板在选择演员、剧本、道具、服装等环节都有决定权，在这种以追求经济利益的运作模式下，戏院为了追求经济利益，除了要不断提高戏曲表演的质量，还要想方设法激发市民的消费欲望。杂志、报刊、广播等新型媒体是刺激消费者的重要手段，通过媒体宣传，"越剧皇后""越剧十姐妹"等广告渲染之词经常出现在各种媒体的宣传中。《越讴》是 1939 年在上海出版的一本介绍越剧表演艺术的专业性杂志，随后有《越剧专刊》《越剧月刊》《好友越剧专刊》《越剧世界》《上海越剧报》《上海越坛》《越剧剧刊》《越坛万象》《越坛花絮》《越剧风光》等专业性越剧杂志在上海创刊，形成了专业性的越剧研究理论人员和宣传人员。通过杂志、画报、电台等现代化传播媒介，让越剧艺术迅速传播至全国。除了通过媒体宣传来扩大越剧的观看群体，各戏院老板在服装上也进行精心的准备，把京剧、昆曲、绍剧等经典的服装装扮借用到越剧艺术中，使越剧在服饰装扮上达到最佳的状态。

第二节　丝织技术对越剧服饰的影响

一、丝绸织造技术

江南地区纺丝、制丝历史悠久，距今约 7000 年的浙江河姆渡遗址出土了织机零件，并发现麻的双股线；距今约 6000 年前的江苏吴县草鞋山历史遗迹出土了编织的双股线葛布；距今约 5300 年的浙江良渚文化遗址出土中国最早的丝织物残片，该丝织物为先繰后织，表明当时丝织技术已经相对成熟；距今约 5000 年前的浙江吴兴县钱山漾遗址出土了精美的丝织品残片。

明清时期，江南地区成为丝绸制作与精细加工中心，官办丝绸加工业规模庞大。清代在江南地区设江宁、苏州、杭州三个官办织造局。到乾隆年间，江南地区机织总数为 1863 台，机匠约 6000 人，产品类型分"上用"和"官用"，上用为帝王服饰专用，官用为官员机赏赐所用，质量之精美、花色之多都为前代所不及，江南地区的服饰引领全国的潮流。在漫长的历史演变中，江南地区对丝织物的织造丰富方法，形成了锦、缎、罗、纱、绮、绫、绸、绉、绢、缂等不同质感的丝绸产品，造就了环太湖流域苏州、南京、杭州、嘉兴、湖州、绍兴等丝织品生产与加工中心。

江南地区的丝织物生产中心各具特色，使用的织造方法也不相同，有多色织花的锦、表面光滑的缎、纹如冰的绫、薄而有孔的罗、轻薄的纱、斜纹的绮、通经断纬的缂丝、生丝织成的绢、光泽柔和的绉及质地紧密的绸等。江南地区丝织物生产中心在生产实践中，积累了丰富的丝织物制作经验，形成一批在全国比较有影响力的产品，如苏州的宋锦、南京的缂丝、越州的罗、湖州的生丝制作、杭州与嘉兴地区的罗、绸、绉等，之外还有丝绸后期加工技艺，如苏州刺绣、上海顾绣、萧山挑花等。

二、丝绸精细加工技术

丝绸精细加工技术是指在丝绸面料的基础上，利用各种工艺手段对丝绸面料进行精细加工，使丝绸更加精美的技术总称。苏州的刺绣、上海的顾绣、绍兴的挑花、南京的妆花等。清代时期在江南的苏州、南京及杭州设定三个官办织造中心，其产品主要为丝织品，清代帝后的服饰面料一般由北京如意画馆画师设计好花纹及图案，经皇帝亲定后专送苏州、南京及杭州进行织造及加工，其工艺制作要求严格，反映出江南地区在清代时期丝织物精细加工技术领先的地位。

妆花是南京云锦的精美品种，是明清两代极为盛行的丝织物品种之一，为明代初期南京丝织工人所创。妆花和缂丝都采用通经断纬、通经回纬的织造方法，一般是在地纬线上加入彩色丝线或金银丝线织成重纬多彩纹织物。妆花技法的特点是可以根据服装款式织出特殊形状，如图2-1所示，故宫博物院藏明代丝织妆花——红色奔虎五毒妆花纱裱片，文物以平纹方孔纱为地纬，再在纱布上用彩色丝线及金线，利用通经回纬的织造方法织出老虎、五毒图案，做工精细，纹样造型自然生动，寓意借老虎之力镇住五毒，从而达到驱毒避瘟、保健康平安的效果。由于妆花丝织织造的图案精美，同时又能根据服装的需要自由地安排及设计纹样，常用于明清宫廷服饰的纹样织造，北京故宫博物院收藏了多件明清各个时期的妆花龙袍、帝后日常服饰，其精湛的工艺、造型生动的纹样、丰富多变的色彩、疏密有秩的构图，使得丝绸服饰富有浓郁的装饰趣味，展现了江南地区传统丝绸的艺术魅力。故宫博物院还藏有清代雍正时期南京产红色地五彩云蝠龙凤纹妆花缎袍料，该袍料以大红色为底，用捻金线和彩色绒丝线做花纹的纬线，织造出凤纹、五彩云纹、石榴纹、暗八线纹及海水江崖纹。纹样品种多样，造型栩栩如生，色彩浓重鲜艳，反映了高超的丝绸织造技巧，是南京妆花缎的典范作品。

图2-1　红色奔虎五毒妆花纱裱片

缂丝与妆花在明清时期都是织造高贵丝绸面料的方法，主要用于帝后服饰及达官贵族服饰，体现出明清时期上层阶级服饰的奢侈华丽。刺绣是丝绸精细加工的主要工艺之一，江南地区刺绣以苏绣为代表，具有精细、平整、生动等特点。在越剧服饰中，主要角色的服饰都有刺绣纹样，刺绣纹样使得服装更加精致、雅观。越剧服饰中的刺绣色彩雅致、工艺精细，造型栩栩如生，体现出江南刺绣艺人高超的工艺水平。

第三节　京剧、绍剧服饰穿戴制度对越剧服饰的影响

在越剧服饰的发展与成熟过程中，对京剧、绍剧等程式化衣厢穿戴进行了借鉴和参考。

一、对绍剧服饰的借鉴

越剧小歌班阶段，较多地参考和借鉴了绍剧的服饰穿戴。越剧小歌班阶段参考绍剧服饰的主要原因是两者都是绍兴地区的戏剧，越剧能够比较方便地接触到绍剧的衣厢穿戴。绍剧又称为绍兴乱弹、绍兴大班，在明代嘉靖年间发源于绍兴。在越剧诞生之前，绍剧已经在绍兴地区盛行，具备完善的衣厢穿戴方式。越剧小歌班阶段由于没有完备的衣厢穿戴，只能是租赁绍剧的衣厢。

《上海越剧志》书中说："越剧最早出现的衣厢是借用了绍剧的服装，越剧戏班主要以租赁绍剧的蟒、靠、箭衣、衫、袄等服饰进行越剧表演。"由于都来自绍兴，越剧小歌班进入上海时期，越剧小歌班与绍剧艺人会搭档进行同台演出。1917年6月9日，越剧小歌班时期的"梅朵阿顺班"来到上海镜花戏院演出，戏院老板俞基椿为了让越剧小歌班在上海演出成功，特地让小歌班与绍剧大班进行联合演出，请来了绍剧种较有声望的老生林芳锦及小旦张金香等与小歌班艺人搭档同台演出。镜花戏院老板俞基椿在小歌班来上海前，戏院主要以绍兴大班表演为特色，小歌班与绍剧大班在上海镜花戏园的同台演出，为了节省开支，其衣厢穿戴都是采用绍剧形制。然而绍剧"五蟒五靠"及"上五色、下五色"的衣厢穿戴适合表演高亢激越的武戏，并不适合文戏见长的越

剧。小歌班借用绍剧服饰进行表演，体现出小歌班时期对表演服饰的不重视。虽然小歌班时期采用绍剧服饰进行表演显得不伦不类，但是对处于发展中的越剧服饰衣厢来说，绍剧的规范、衣厢穿戴的成熟，让越剧摆脱了以民间服饰为表演服饰的窘境，使越剧小歌班时期的各类行头有衣可穿。相比民间服饰，绍剧服饰更具有表演性，完成从民间服饰到专业表演戏服的跨越。

二、对京剧服饰的借鉴

越剧在文戏阶段后，特别是越剧进入上海进行表演后，服饰上开始对京剧衣厢穿戴进行借鉴。袁雪芬在《尹桂芳同志对越剧艺术的贡献》文中说："四十年代以前，在越剧界流行的是演老戏，或学京剧、绍剧的折子戏，或学海派京戏演连台本戏。"越剧文戏阶段，越剧演员通过观摩京剧名家演出来学习身段、台步及眼神，当时在上海的京剧名家有周信芳、梅兰芳及欧阳予倩，越剧演员通过对京剧大师演出的观摩提升了表演技能。

越剧文戏阶段女班的创立，也是受京剧"髦儿戏"的启发，1923年年初，上海升平歌舞台老板王金水，在戏院观看京剧"髦儿戏"时，产生了把自己家乡的绍兴文戏也改为由女子演出的念头，便回家乡招募及培养女班艺人。1923年7月，在戏院老板王金水的招募下，中国越剧第一个女子戏班——施家岙女班在嵊县（现嵊州市）施家岙村成立。越剧除了在身段、台步及眼神方面向京剧学习，同时，为了提升越剧舞台艺术魅力，也学习京剧服饰置办衣厢和道具，逐渐建立起比较完整的演出程序，形成程式化的表演风格。越剧文戏时期的服饰多以京剧服饰为参照，在服饰色彩上采用京剧的"上五色及下五色"，通过鲜明的色彩区分人物角色的地位、身份及性格等；在服饰面料上运用制作京剧服饰的绸缎面料，并根据京剧服饰在领圈、袖边等部位进行绣花；在服饰款式上学习京剧的蟒、靠、衣、褶及帔等形制，使越剧的角色可以分类着衣。这时期越剧服饰虽然有比较完善的衣厢，但是并没有找到适合越剧表演艺术的服饰，服饰穿戴也不完善，没有形成属于越剧表演艺术的服饰穿戴制度。

绍兴文戏阶段以前，虽然通过对其他剧种服饰进行借鉴与模仿，从而使年轻的越剧具有相对完善的服饰穿戴。但是，在当时的越剧改革与发展中，戏剧服饰设计并没有引起剧院老板及艺人的关注，对戏剧服饰与越剧表演之间的关系认识也不充分，只是简单地借用其他戏剧服饰进行表演，而没有从表演风格、剧本、角色塑造等方面出发，思考戏剧服饰与越剧表演之间的关系。随着越剧改革的不断深入，越剧的剧目、唱腔、表演等日趋成熟，逐渐形成自己的特色，从绍剧、京剧借鉴过来的越剧服饰已经不适合越剧艺术的表演需求。因此，绍兴文戏阶段后，针对越剧服饰的改良随之产生，经过不断的努力，到"新越剧"时期，最终形成具有越剧特色的服饰穿戴体系。

第四节　地方民营越剧戏班的发展

越剧先后经历了落地唱书阶段、小歌班阶段、文戏阶段、新越剧阶段四个发展时期，越剧从流动临时搭建戏台表演向具有固定场合的戏院表演转变。在越剧的转变与发展过程中，民营越剧戏班的活跃，戏班有组织、规范的经营模式，促使越剧艺术不断完善与发展。地方民营戏班通过对越剧唱腔、表演、舞美、服饰的完善，以增加戏班的竞争力，从而促使越剧衣厢不断完善。

一、小歌班时期的服饰（1906—1922 年）

越剧在小歌班阶段没有红袍绿袄，在表演时也没有舞蹈身段，被称为"清水打扮"。小歌班又称为小歌文书班，小歌班的名称是为了与绍兴大班相区别，其区别如下。一是剧目故事之间的差别，小歌班的剧目主要以家庭伦理及儿女爱情题材为主，绍兴大班的剧目主要以国家社稷、政治斗争题材为主。二是表演方式之间的差别，绍兴大班打斗的戏份较多，小歌班的表演相对文静优雅。三是演员服饰之间的差异，绍兴大班演员通常要扮演帝王、皇后、将军、大臣及武将等角色，人物角色性格突出，职位等级明显，因此演员穿蟒袍、补子官服及铠甲等大红大绿色彩的服饰；小歌班的演员多扮演书生、公子及良家妇女形象，因此在服饰风格上显得文质彬彬。

《中国越剧大典》记载："小歌班时期服饰男角扮书生、公子，借用生活中秀才帽、瓜皮帽、竹布衫、绸长衫；扮士绅，借用生活中彩缎长袍、扎脚裤、黑缎马褂；扮官宦的也有用庙里的木偶神像蟒袍；男班扮女角，把自己顶后的辫子散开，梳发髻，搽'燥粉'，穿生活中的竹布裙、衫和'嫁时衣'的彩绸衣、花裙等作演出服装。后来向绍兴大班行头主租用戏装，放在一担豆腐皮篾篓里，走农村跑城镇，这就是越剧最早出现的衣厢形式。租赁行头多以袄、衫、蟒、靠、箭衣为主，行头样式，多为绍剧、京剧传统样式。"从嵊州越剧博物馆收藏的越剧服饰来看，小歌班时期的越剧服饰做工粗糙，服饰面料也多用棉，服饰形制也比较单一，主要采用老百姓日常生活服饰，具有浓郁的绍兴地方特色。结合历史文献资料及博物馆实物藏品，可以看出越剧小歌班时期的"篾篓衣厢"有以下几个特点。一是越剧小歌班时期并没有形成程式化的衣厢形制，演员服饰穿着比较随意，但是开始有程式化衣厢制的概念，例如小生打扮是戴秀才帽、瓜皮帽，身穿竹布长衫；小旦是男性扮演，梳发髻，穿花衫裙；大面穿长衫马褂等。二是越剧小歌班时期的服饰主要以人物角色的自然属性和社会属性分别进行着衣，其服饰是为了用服饰区分人物角色的年龄、性别、身份及地位等。例如《双金花》演出中，戏中人物角色有王文龙为老生和小生两种扮相，蔡金莲为小旦，蔡必达为大面，丫头金花、银花为小旦。老生和小生扮相主要区分人物角色的年龄差异，小旦和小生主要区分人物角色的性别差异，大面与老生主要区分人物角色的身份、地位的差异。三是越剧小歌班时期的服饰主要使用的是当地的民间服饰，长衫、马褂、瓜皮帽及大花裙，这些服饰其实就是当时的民间日常服饰，还保留着落地唱书时期的服饰穿着特征。

小歌班演出的都是生活题材，表演真切细腻、生动活泼，其观众对象主要为农民，能够体现广大农民的希冀，演出受到广大农民和家庭妇女的欢迎，显示出旺盛的生命力，戏班数量迅速增加。据老艺人余柏松回忆："小歌班到1907年，不到一年之间，剡溪两岸已有二百多副，当时他们都以七八人为伍，挑着一副豆腐皮担奔波于乡间。"剡溪是嵊州区域的河流，剡溪两岸是指嵊州地区。豆腐皮担是一种卖豆腐用的担子，多用竹篾编织成，当时小歌班用豆腐皮担装戏服行头，所以小歌班时期的戏剧衣厢又称"篾篓衣厢"。

随着小歌班的不断发展，戏班数量迅猛增加，剧目及人物角色增多，开始租赁袄、衫、蟒、靠、箭衣等京剧、绍剧的表演服装，其表演服饰摆脱以民间服饰为参照，而是从京剧、绍剧专业化戏剧表演服饰中进行借鉴与学习。越剧小歌班在不断完善和发展中壮大，原先落地唱书艺人也从半农半艺的半职业化艺人，开始以越剧表演作为谋生手段，成为完全从事演戏的戏剧演员，并逐渐形成男子小歌班剧团。

男子小歌班在绍兴地区获得成功后，演艺活动逐渐向周边城市发展，如杭州和上海等，表演场地由农村转向城市，早期小歌班的"簸篓衣厢"已经不能够适应杭州、上海等大都市表演的需求。1917年，男子袁木生小歌班第一次进入上海演出，演出了《蛟龙扇》《碧玉带》《七美图》《双金花》《玉莲环》及《珍珠塔》等古装剧目，这次演出穿着的服装是借用绍兴大班的戏剧服饰。当小歌班艺人穿大蟒袍帝王将相服饰及大红大绿的绣花裙衫女性服饰去表演越剧才子佳人的故事时，显得不伦不类，因此，小歌班第一次在上海的演出并不成功，由于观看的人少，最终戏班也解散。在吸取了前几次在上海演出失败的经验后，在表演剧目和唱腔不断改进的情况下，小歌班于1920年第六次进上海进行演出，此次演出获得了成功，并为越剧文戏的发展奠定了基础。这次演出从剧本、剧情及舞台布景方面都有了相应的改变，越剧服饰也慢慢在表演实践中，探索符合越剧特色的表演服饰。

二、文戏时期的服饰（1922—1938年）

1921—1922年，在上海发展的小歌班艺人先后将小歌班改称绍兴文戏，由此越剧也进入绍兴文戏时期。绍兴文戏时期吸收绍剧及京剧的表演程式，向古装大戏方面发展。绍兴文戏时期共有20多个戏班先后在上海进行演出。1925年，上海《申报》在其报刊的演出广告中首次用"越剧"二字进行命名，标志着越剧正式登上历史舞台。据1933年10月上海《新闻报》与《申报》演出广告统计，当时有12个绍兴文戏班同时在上海演出，其中男班10个，女班2个，绍兴文戏男班主要有庆升社、鸿福社、鸿喜社及鸿庆社四大班社，女班主要有王杏花和程苗仙领衔的两大班社。越剧文戏在江浙地区也有许多戏班成立，主要以男子文戏为主，发展到后期，女子文戏兴起，并逐渐取代男子戏班。

越剧文戏阶段，越剧的表演范围进一步扩大，民营戏班遍布江浙地区。绍兴男班越剧艺人在上海获得一定成功后，留在嵊州的艺人开始招徒办班。在农村经济日益衰退的情况下，许多农家子弟以学戏作为谋生手段。例如，越剧文戏阶段的男班艺人石玉民、张云标、陶素莲、叶琴芳等，就是在小歌班盛行后开始学艺，后来成为越剧文戏时期较为著名的艺人。这时期的越剧艺人培训班有以下特点。一是培训班的地址在农村或乡镇，如1927年丑角演员喻传海在嵊州崇仁廿八村办班，1929年在嵊州开办的章村路科班，1929年崇仁黄家村的男科班。这些越剧培训班主要在嵊州，并且以农村及乡镇为主。二是在嵊州地区的越剧培训班培养的艺人以男班为主，这些艺徒优秀者相继到上海，为男班在上海的演出引入了新的力量。例如，喻传海培训班学徒张荣标1933年先后在上海的高升楼、新世界及复兴戏院等进行演出，是上海越剧文戏时期著名的旦角艺人。三是培训以随班演艺的方式进行，这些艺人学习时间不长，学习十天半月就跟着戏班四处表演。越剧文戏阶段，除了男班艺人外，女班艺人开始在越剧舞台上扮演着重要角色，涌现出一批优秀的女班越剧艺人。越剧文戏阶段比较有影响力的女班有施家岙、上碧溪村、新新凤凰舞台、群英舞台、高升舞台、霓裳仙云社、镜花舞台、大华舞台、越新舞台、群芳舞台、素凤舞台、四季春班、凤鸣舞台、文明舞台、龙凤舞台、连升舞台等26个女子戏班。《越剧史话》书中说道："1935年的调查统计，当时只有40万人口的嵊县，就有200多个女子越剧戏班，而女演员达2万人。"越剧文戏阶段涌现出一大批优秀的女艺人，如姚水娟、施银花、赵瑞花、王杏花、马樟花、尹桂芳、袁雪芬、范瑞娟等。

　　越剧戏班的大量出现，为越剧培养了一批新生力量，同时也促进了越剧的良性发展。随着演员及戏班的增加，越剧的演出范围逐渐扩大，除上海外，在绍兴、宁波、杭州、嘉兴、湖州、温州、金华等浙江省各地都有越剧表演的身影。随着越剧文戏班的扩大，各戏班逐渐形成自己的演员团队，已不是小歌班时期嵊县农村艺人们的自由组合，为了适应当时越来越浓厚的城市戏剧演出商业化的需要，无论是在浙江地区的戏班，还是在上海的戏班，越剧戏班已开始形成一套较为完整的体制。戏班成员分工明确，主要有老板、班长、台柱（名角）、主演、一般演员、杂工等，还有专职乐队及负责舞台道具的职员。老板一般负责出钱及购买表演服饰，班长负责管理戏剧演出的日常事务，演员负责演戏，演出盈利主要来源于票房，票房收入归老板，再由老板向班长、演员、其他职工发放包银，这种模式已经具有商业化性质。为了获得更多的盈利，越剧文戏阶段敢于开拓创新，越剧舞台艺术不断丰富和提高，逐渐开创出具有越剧特色的舞台艺术，主要体现在以下三个方面。

　　一是，越剧剧目开始表现出自己的风格，为越剧向才子佳人的故事发展奠定了基础。绍兴小歌班时期的剧目以生活小戏为主，到越剧文戏时期以古装大戏为主，古装大戏的剧本来源有根据历史小说改编、从其他剧种中移植、将原先剧本改编等。这一时期比较有代表性的剧目有从同名婺剧的基础上移植改编的《碧玉簪》、根据越剧经典剧目《十八相送》及《楼台会》续编的《梁山伯与祝英台》、俞龙孙编写的《孟丽君》等，这些剧目在剧情及故事情节上有共同性。《碧玉簪》《梁山伯与祝英台》《孟丽君》剧本都是描写才子佳人在封建社会制度下，突破各种困难追求爱情的故事。这种故事模式为越剧向才子佳人的故事发展奠定了基础，也是越剧具有代表性的剧本模式。例如，《梁山伯与祝英台》剧本，通过梁山伯与祝英台的爱情故事，揭示了封建社会"父母之命、媒妁之言"对年轻人婚姻爱情的迫害。虽然梁山伯与祝英台的爱情以悲剧结束，但越剧以其独有的委婉抒情的唱腔和演员唯美浪漫的表演，让观众更加为梁山伯与祝英台爱情感到惋惜，对封建社会"父母之命、媒妁之言"婚姻恋爱模式更加抗拒。越剧通过才子佳人的故事剧本，不仅迎合了时代发展的需要，同时，也让越剧善于抒情的表演表现得更加明显，确定了越剧以表现才子佳人为题材的抒情表演风格。

二是曲调的完善，其节奏和行腔开始走向规范化。女班艺人在化妆、身段、表演、唱腔等方面比男班艺人更具优势，女班唱的"四工腔"，曲调委婉柔和、悦耳动听，曲调不仅好听又较单纯，而且使观众听了容易记住，更能体现出文戏抒情的特点。女班的出现，使以往由男性扮演的角色逐渐由女性扮演，这种男女角色都由女性扮演的艺术形式，出现了越剧独特的坤生。因此，为了迎合越剧女班特点，越剧文戏阶段的女班在音乐唱腔、演出剧目及表演风格上都发生了很大的改变，越剧剧种向典雅优美的风格发展。越剧文戏阶段唱腔以丝弦为主，创造了一凡、二凡、三凡的曲调，伴奏为平胡，形成唱时轻托、过门重拉的连续不断的伴奏方式，形成越剧"清板"的音乐腔体。1925年，女班艺人施银花与琴师王春荣合作创造了质朴明快、抒情活泼的四工调。四工调委婉柔和、悦耳动听，在体现人物角色上更细腻缠绵、贴切感人，使越剧唱腔更加抒情优美。

三是表演方式逐渐完善，行头衣厢和道具得到丰富和规范，为形成程式化的表演风格奠定了基础。越剧文戏阶段，随着表演经验的丰富及商业性戏班的出现，为了提高表演技巧，越剧艺人向京剧、绍剧大班学习，除了学习京剧、绍剧大班戏剧名家的身段、台步及眼神外，还学习京剧衣厢制，置办行头衣厢，越剧主角和一般演员的服装有所区分，一些著名的主角如姚水娟、施银花及赵瑞花等有了专门的"私行彩头"。"私行彩头"即演员自己出钱置办的服装，专供自己使用，其他演员不能随意穿着。"私行彩头"由于是演员个人置办，其服装审美带有很强的个人色彩，主要突出演员个人气质及审美喜爱，由此"私行彩头"不能很好地体现剧本角色，反而使剧本中的角色本末倒置，显得杂乱无章和极为不规范。例如，在上海浓郁的戏剧氛围中，上海时髦的服饰元素被运用到越剧服饰中，如金属亮片，为了凸显主角地位，在越剧服饰上缝制金光闪闪的亮片，金光闪闪的服饰效果在表演书生类型才子时显得非常突兀，与剧本中书生文质彬彬的气质截然相反，同时，也不能衬托越剧委婉抒情的曲调。虽然，越剧文戏阶段"私行彩头"不能很好地为剧本角色服务，但是为越剧服饰较为规范的设计拉开了序幕。"私行彩头"是越剧衣厢制完善的必经之路，说明演员或者戏班开始重视服饰在越剧舞台表演方面的作用。同时，一批优秀的演员开始自己开戏班，既是戏班主角又是戏班老板，为了把自己的越剧表演与其他剧团进行区分，对舞台布景、道具及服饰进行独特设计。

综上所述，越剧文戏阶段，女班的出现及壮大，女性扮演剧中所有的男角和女角，促使越剧在演出剧目、音乐唱腔、表演风格上都发生了很大的改变。越剧也随着女班的发展，逐渐向以才子佳人为剧本，唱腔委婉舒缓的典雅优美风格发展。越剧服饰是越剧表演艺术的一部分，戏剧服饰要综合考虑剧目、角色性格及唱腔特点，如果脱离剧本、角色、唱腔，只是单纯地考虑美观或时髦，戏剧服饰也失去其存在的价值。越剧文戏阶段"私行彩头"的杂乱无章现象，也说明当时越剧舞台艺术还不够完善，没有很好地配合越剧表演需要，因此，能够体现越剧剧种特色的程式化服饰显得尤为必要。

三、改良文戏时期的服饰（1938—1942 年）

1937 年抗日战争全面爆发，是越剧发展历史的重要分界线。抗日战争爆发前，越剧男班进入全盛时期，主要演员的演出场所以上海为中心，女班在浙江省内得到蓬勃兴起，女班艺人虽然在唱腔、扮相等方面具有男班无法比拟的先天优势，但是越剧文戏阶段的女班演出以浙江省内为中心，在上海并没有固定表演场所。抗日战争爆发后，随着女班对越剧剧目、唱腔、舞台艺术的不断改良，形成了女班艺人与男班艺人截然不同的表演艺术形式。女班艺人在唱腔上比男班艺人更委婉柔和，表演风格更飘逸洒脱，在体现人物感情上更细腻缠绵、贴切感人。整体来看，女班艺人的表演形式更贴近越剧的艺术风格，体现出非常强的艺术魅力，也受到观众的喜爱。女班艺人在浙江省的演出获得极大的成功，越剧女艺人急剧增加，为了更好地发展，各女班艺人蜂拥来到上海，并在上海迅速崛起，男班艺人的表演很快被女班取代，女班表演成为上海越剧艺术表演的主角。1938年春节，越剧女班艺人姚水娟随"越升舞台"到上海，在上海通商、老闸、天香等戏院进行演出，之后组班"越吟舞台"，上演了弘扬民族正气的剧目《花木兰》，在上海通商剧场演出，打破了越剧只演老戏的保守戏路，引起了舆论界的重视。在《花木兰》演出取得一定成功后，姚水娟并没有停止对越剧进行革新的步伐，出演了《孔雀东南飞》《貂蝉》《天雨花》《范蠡与西施》等新编剧目，社会影响日益扩大，在上海戏剧界站稳脚跟。可以看出，越剧女班艺人姚水娟在上海演出之所以取得成功，关键是对越剧进行的变革。越剧女班艺人从浙江农村及中小城镇来到上海，要适应上海的文化环境及观众喜好，为了能够在上海立足、生存及发展，必须锐意求新，对越剧进行不断变革。同时，上海的社会及文化环境为越剧艺术的变革及发展提供了丰富的人文环境。姚水娟对越剧进行改革后，上海的越剧女班开始进入全盛时期，越剧女子戏班数量不断增加。到1938年7月，上海的瑞云舞台、四季春班、越吟舞台、越剡舞台、高升舞台、心心剧社、越升舞台、天蟾凤舞台、东安剧社及群英舞台等越剧女班。

　　浙江籍越剧女班纷纷到上海后，上海本地也开始出现不少专门培养女子越剧的戏班，如春风舞台、鸿兴舞台、中兴舞台、联升舞台、陶叶舞台及四季班等。越剧女子戏班在上海不断扩大，到1941年下半年，根据《越剧日报》11月6日的"海上女子越剧统计"，在上海的女子越剧戏班达三十六家，这些戏班都具有商业性，且都是民办。丁一《漫话女子科班》中统计："1941年上海有三十六个越剧戏班，全国则有二百六十三个戏班，如果加上当时嵊县的临时性戏班，那么女子科班的总数肯定不止此数。"这些统计数据都说明，当时越剧戏班数量众多，在全国尤其是上海、江浙等地呈现出多面开花的盛况。

1937—1942 年，虽然当时中国在进行反侵掠抗日战争，国内兵荒马乱，但并没有影响越剧剧团的发展与壮大，越剧在这时期反而呈现出旺盛的生命力。分析其原因，主要是越剧在抗日战争时，在剧目、剧情、舞台艺术、编导等各方面都进行了变革与创新，而这些创新紧密围绕当时国内形势的变化而改变。例如，姚水娟把爱国主义精神融入剧本《花木兰》；筱丹桂把岳飞精忠报国的故事改成越剧《满江红》，通过岳飞报国的故事宣扬爱国主义精神。这些剧目在故事情节与传统越剧中的才子佳人有极大的差异，符合了当时的时代背景，从而更容易与观众产生思想上的共鸣。因此，抗日战争爆发后，越剧通过对剧本的改良，贴合了时代背景，使越剧女子戏班不断增加，在上海乃至全国打开了市场。

抗日战争时期，以姚水娟为代表的越剧女班艺术家，对越剧进行了改良，越剧舞台表演从传统的演剧形式向现代舞台综合表演方式转变。越剧服饰的改良主要是越剧舞台艺术的改变，因此，为了更好地理解越剧服饰的变化，需要对当时的舞台艺术进行综合分析，把越剧服饰纳入舞台艺术的范畴，更能体现当时的时代特征。姚水娟对越剧舞台艺术的改良主要有以下几点。

一是对舞台布景进行改良，开始学习电影及话剧的布景形式。越剧传统的舞台布景是向京剧及绍剧大班学习，在传统戏台上布置简单的座椅等进行表演。传统舞台布景模式下，主要通过越剧演员的唱词、眼神、肢体语言来传递故事内容，需要观众有一定的戏剧修养，不能直观地体现剧情。姚水娟通过学习电影及话剧，开始利用灯光、幕布及其他道具等共同渲染剧情。越剧舞台艺术在姚水娟的改良下，有了背景幕布、舞台灯光及为了渲染剧情的道具等，相比传统舞台艺术，新越剧舞台布景更加立体，更能够渲染剧情及呈现剧中的意境之美。随着越剧舞台布景方式的改变，越剧服饰也发生相应的变化。

二是对越剧服饰面料进行改良，主要对越剧服饰的面料种类、色彩等进行改良，并开创了用时装表演越剧的先河。传统的布景不需要背景，也不需要灯光，灯光布置不需要考虑远近、色调等因素，戏剧舞台是三面敞开，台下观众可以从三面看戏；新式舞台采用镜框式布景，在舞台上会根据不同的情景更换幕布，灯光设置要考虑远近景的变化，新的舞台布景运用灯光及布景衬托剧情及演员的身段，对越剧服饰提出了更高的要求。改良前的越剧服饰面料采用的是京剧和绍剧大班所用绸缎面料，具有紧密及反光的特色，显得精致华美。

传统舞台由于不考虑灯光布置，所以这种面料在传统舞台上虽然有点反光，但不耀眼。随着镜框式舞台布景的出现，要考虑远近、虚实、色调等，为了体现出远近、虚实的空间感，前后灯光设置会有强弱对比，灯光直接照射在绸缎面料的服饰上，反光特别明显，显然不适合越剧抒情雅致的艺术风格。姚水娟选用留香绉作为越剧服饰面料，留香绉是一种平纹、绉地及经向起花的丝织品，呈水波形织纹，光泽自然柔和，手感柔软且质地紧密，整体雅致。留香绉做成的越剧服饰不仅能够很好地稀释照射的灯光，而且其审美风格与越剧艺术一致，比较适合越剧新式舞台表演的需要。此外，服饰中领部、袖边的刺绣花纹也用金银织锦缎替代，使越剧服饰更加雅致。

　　总体来看，姚水娟在服饰上的改革主要针对舞台布景的变化而改变，同时，结合越剧自身的表演特点，相比之前的越剧服饰，更加体现了越剧柔美雅致的特征，为探寻越剧服饰的特色迈出重要一步。越剧服饰经改良后，终于突破了模仿及借鉴京剧与绍剧大班服饰制作的方式，开始思考适合越剧本身表演特色的衣厢。

四、新越剧时期的服饰（1942—1949 年）

　　1942—1949 年这段时间在越剧历史上被称为新越剧时期。1942 年 9 月初，袁雪芬向大来剧场老板陆根棣提出越剧改革，其意见归纳为三大点：改掉旧戏班的陈规恶习，如不唱拉局戏；老板不干预上演剧目，由演员自己决定演出剧目，由专业人士决定舞台艺术表演内容及形式；建立正规的表演制度，聘请有文化、有知识的编剧、导演、舞美设计及舞台监督人员。袁雪芬这次的越剧改革标志着新越剧的开始。新越剧改革的焦点是跟剧院老板争夺艺术领导权，越剧表演的剧目、音乐、舞台艺术等都由编剧、导演、舞美设计及舞台监督人员决定。越剧表演的领导权改变后，剧目、音乐、舞台艺术等都有很大的改变，这些编剧、导演及舞美设计人员都是知识分子，接受了新思想的洗礼，并有很强的社会责任感，因此剧目的内容重视社会效益及社会责任感。新越剧以前剧场老板多以盈利为目标，多是才子佳人私订终身的老旧故事，新越剧剧本的创作题材扩大，不仅对传统才子佳人的故事进行改编，还把国外戏剧、小说等与中国剧情相融合，如《情天恨》就是根据莎士比亚的《罗密欧与朱丽叶》改编，《孝女心》根据莎士比亚的《李尔王》改编，在剧情内容和情节上都很有新意。

同时，新越剧时期也编演了许多反封建和揭露社会黑暗的爱国主义题材剧目，如《孟姜女哭长城》是揭露封建社会的黑暗，《花木兰》是宣扬爱国主义精神等。总体来看，新越剧时期的剧目在思想和内容上，都得到极大的提升。新越剧时期以袁雪芬为代表的艺术家根据时代特点，对越剧表演内容及形式进行创新，越剧舞台从传统的演剧模式向现代舞台综合表演模式转变。新越剧时期对越剧舞台艺术的改良主要有以下几点。

一是从越剧剧目内容及人物性格出发，把戏剧服饰、舞台布景、灯光道具作为舞台美术的组成部分，进行综合性和整体统一性的设计与规划。传统的戏剧表演注重的是演员个人的艺术能力，对服饰、灯光及道具没有过多的要求，服饰与道具是根据一定程式进行配置，相对固定及片面。新越剧时期舞台艺术比较综合地考虑了剧目内容、人物性格及舞台背景三者的关系，明确了舞台艺术要根据剧目内容及人物性格而进行相应变化及设计，并且运用整体统一性的布局添置服饰、布景及灯光道具，强调舞台的整体美感及立体式的表现舞台空间。如1943年年初大来剧场的《雨夜惊梦》，该剧韩义负责舞台美术设计，设计了剧中"魔王"及"小鬼"角色的服装，并在剧中使用色彩转盘聚光灯，开辟了根据剧情角色需要设计服饰的先例。在1943年11月大来剧场的《香妃》由南薇编导，韩义负责舞台美术设计，韩义根据角色在剧中的社会属性设计角色的服饰。戏剧服饰统一设计时，可以根据角色在剧情中的主次关系进行区分设计，如主角的衣服可以精致美观，而配角的服饰简单，不仅体现了舞台美术的主次关系，而且更贴合剧本角色。

二是新越剧时期在舞台艺术上，受到话剧的影响，在灯光、布景及服饰上都学习和借鉴话剧舞台布置技巧。袁雪芬在《难以忘却的往事》中说道："看到话剧《党人魂》和《文天祥》的演出，使我犹如在荒漠中发现一片绿洲，在黑暗中看到光明。"袁雪芬看了话剧之后，觉得话剧不仅内容新颖，表演形式及舞台艺术都比越剧更具有艺术表现力及感染力。因此，新越剧从剧本内容、表演形式、舞台艺术等方面向话剧学习，开始了对越剧一系列的改革与创新。在这些改革中，服饰的创作思路也开始向话剧学习，话剧服饰提倡忠实反映或还原历史生活，服饰注重写实性及强调历史时代感。新越剧时期服饰注重体现剧本的历史时代感及角色的性格特征，注重服饰的写实性，因此，服装按照剧本朝代设计，并为了还原历史的真实性，把具有表演功能的水袖去掉，改成汉族的宽袍大袖。例如,《木兰从军》及《香妃》等剧目都是按剧本朝代进行服饰设计,突破了传统戏剧衣厢"三不分"原则,即不分朝代、不分地域及不分季节的戏剧着装模式。新越剧时期对传统戏剧衣厢"三不分"原则的突破,虽然能够让剧本更有历史真实感,但是为了片面追求历史真实感而把具有可舞性功能的水袖去掉,忽视了戏剧服饰具有可舞性的一面,使戏剧服饰的表演功能大大降低,因此,在一段尝试及失败经验的总结后,又恢复了水袖。

三是新越剧时期服饰在追求历史真实感的同时,也从越剧表演特色出发,对服饰在纹样上进行改良。新越剧时期越剧的音乐唱腔有所调整,从"四工腔"衍变出抒情缠绵的"尺调腔"。"尺调腔"节奏舒展、旋律优美,风格委婉细腻,柔和深沉,适合表现复杂的内心活动和深沉、缠绵、忧虑、悲伤等情绪,有较大的可塑性与浓郁的抒情性,使越剧风格呈现出抒情、柔美和戏剧性特征。为了更好地体现越剧的美感,在越剧服饰上对纹样进行简化,减少了纹样在服装中的占比,并把纹样集中在服装的领部、袖口及门襟处,纹样的色彩也比之前淡雅,服装整体风格更加简练、柔美。

四是出现了专业的越剧服饰设计师及服装制作队伍。从袁雪芬1942年9月初提出越剧改革后,大来剧场老板陆根棣成立了剧务部,剧务部集合了编剧、导演及舞台美术等工作人员,剧目的创作、编导及舞台美术都是由这个部门制订,在创作上有很大的自主权。剧务部成员多是知识分子或大学生,比较了解当时世界各地的戏剧舞台艺术发展情况,这个时期出现了相对专业的越剧服饰设计师,有一定的舞台美术经验,比较著名的有韩义、张坚安、苏石凤、仲美、幸熙等。《百年越剧文集》中对韩义进行访谈,韩义认为:"对于越剧的改革,当时我们的思想还是不是很清晰,概念并不是很明确。现在回忆起来,改革的焦点是跟老板和班主争夺艺术领导权……袁雪芬同志的改革进行了一年多,终于争取到了自主权。这是一个很大的转变,艺术处理由我们自己决定,和老板只有经济关系,他没有权力干涉艺术。"新越剧的改革,让专业的演员、编剧、舞美设计人员等在越剧艺术创作上拥有了主导权,为越剧的发展与创新提供了可能性,在这种氛围下,越剧的舞台艺术发生了实质性的转变,由传统戏剧舞台艺术转变成具有现代化的舞台艺术,出现了越剧历史上第一批专业的服装设计人才。新越剧时期,各大剧团意识到舞美设计对越剧表演的重要性,专业的舞美制作团队形成,出现了一批负责设计及制作的队伍。舞美制作队伍中韩义、张坚安、苏石凤、仲美、幸熙负责整体舞台艺术，同时也兼任服装设计，成为最早的一批越剧服饰设计人员。同时，针对越剧纹样、制作等也有相应的队伍，如服装纹样设计者有谢杏生，服装制作有金琴生、张荣根、金杏荪，盔帽制作有方惠勤，靴鞋制作有沈梅芬等。

第三章　越剧服饰的形制特征

新越剧时期后，越剧服饰逐渐完善清新、雅致的特色，人物角色的服饰穿戴逐渐固定，形成了以越剧蟒、帔、褶、衣、靠、云肩、裙等具有越剧表演风格特色的服饰穿戴体系，呈现出相对固定的程式化衣厢制度。

第一节　越剧服饰的款式

一、越剧服饰款式的类型

越剧服饰采用平面裁剪方式，形成以蟒、帔、褶、衣、靠为主体的款式类型。

（一）蟒

越剧"蟒"为长身大袖袍服形制，因此，也称蟒袍。越剧中的蟒袍源于明代的蟒袍。据《明会典》记载，蟒袍是明代官员礼服，也可以作为皇帝特赐给大臣的赐服。明代沈德符《万历野获编》记载："蟒衣，为象龙之服，与至尊所御袍相肖，但减一爪耳。"可见，蟒袍与龙袍相似，不同之处是龙袍中龙纹为五爪，而蟒袍中的蟒纹为四爪。越剧蟒在明代蟒袍的形制上进行改进，为袍服形制，圆领，阔袖上接水袖，不束腰，长至脚面，具有可舞性。为了使表演者威风凛凛，越剧蟒早先在前后衣片用麻衬，使前后衣片挺括，以后逐渐用布刮浆代替麻衬。例如，《打金枝》中唐肃宗皇帝穿的蟒袍纹样简练，立水纹占用的面积不大，但是通过整体的装束，还是能够体现王者威风凛凛的气派（图3-1）；《碧玉簪》中王玉林穿红蟒，表示新郎身份（图3-2）。

（二）帔

帔，《释名》："披之肩背，不及下也。"帔是一种开始于晋代的女性服饰，形似围巾，披于颈肩部，在领前交和后自然下垂。梁代简文帝诗词："散诞披红帔，生情新约黄。"描绘了穿红色帔的繁荣情景，这种服饰延传至后世而又有所发展。越剧中的"帔"为直领对襟，两襟离异不缝合，襟下有系带，袖子

图 3-1 《打金枝》剧照   图 3-2 《碧玉簪》剧照

宽窄不一，带水袖；男帔的衣长及脚踝，女帔的衣长过膝盖；男、女帔胯下两侧开衩；男、女帔都绘绣吉祥纹样，整体款式简单。越剧中帔与宋代褙子款式相似，从款式造型来看，这种戏服整体造型呈 H 型，简单流畅廓型把表演者裹成圆筒，显得含蓄、内敛，体现了理学影响下，宋代服饰所呈现出的简约、含蓄优雅的审美特征。越剧帔上的纹样根据人物等级身份及剧情场合确定，老生、老旦帔通常刺绣蝙蝠、寿字团花纹样，以体现长辈身份及祝寿场景；小生、花旦帔通常刺绣梅花、蝴蝶、荷花等纹样，以体现少男、少女青春亮丽形象及爱情相关的故事情节。越剧帔的款式变化主要在领子部位，领子样式有"如意"形、直领、翻领等。值得注意的是，越剧正旦和花旦所穿的帔，通常会加云肩，云肩一端与领子相连覆盖在肩部，另一端一般会有珠子串连的流苏。

（三）褶

越剧中的褶子又称直缀、道袍，是一种常服，无论尊卑都可以穿着，多为书生、秀才、官吏所穿，体现出戏曲人物文静风流的气质。越剧中的褶子延续了汉族传统的交领右衽，衣领直接与衣襟相连接，左侧的衣襟向右在胸前交叉，压在右侧的衣襟上面，衣身为宽松的长袍，袖子为大袖接白色水袖，侧边开衩以方便走动表演，在领口、袖口及左侧衣片刺绣花纹。

（四）衣

在越剧服饰中，衣的种类较多。根据戏曲中人物角色，分为官衣、短衣、穷衣、马褂及袄裙等品类。官衣是一种圆领、斜襟的长褂，前胸及后背绣有一块方形补子，用来表示官员等级身份，也可以用于新郎或状元郎穿着。官衣的补子有两大类，一般文官补子为仙鹤、锦鸡、孔雀、云鹤、白鹇、鹭鸶、黄鹂及鹌鹑等，武官补子为狮子、虎、豹、熊、彪、犀牛及海马，公侯、驸马伯爵等用麒麟。越剧官衣"补子"刺绣较简单，色彩及图案造型多有变动，常与乌纱帽相配套，具有明显符号意义，力求体现官员威仪。短衣适用于武打角色、侠士人物及绿林好汉。短衣的款式一般为袖口收紧的长袖或无袖，长度过腰，腰部用带子束紧，方便武打角色做翻滚、打斗等动作。图 3-3 所示为越剧闺门旦衣线稿。

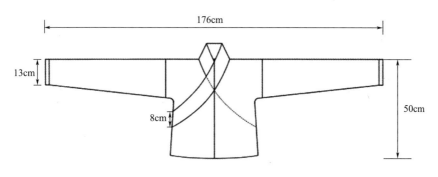

图 3-3　越剧闺门旦衣线稿

（五）靠

靠又称甲衣，越剧靠是武将所通用的戎服。越剧靠的形制是上部甲衣，下身围裳，在肩部和围裳处有甲片，甲片通常用挺阔厚实的面料或皮革做成。靠的形制整体廓型呈 H 型，显得庄重威武，体现武将威风凛凛的气概。越剧靠与京剧靠有很大差异，京剧靠除了有甲片装饰外，还会用平金绣、绒绣的刺绣纹样，整体色彩丰富且装饰性强；越剧靠更多的是体现武将气质，在服饰上有甲片，甲片主要在肩部，刺绣纹样相对京剧靠面积占比少，如越剧《双烈记》中梁红玉穿的女靠（图 3-4），《穆桂英挂帅》中穆桂英穿的女靠，在女靠后背上插四面三角靠旗（图 3-5）。

（六）云肩

云肩是披在肩上的装饰品，形似如意。唐代吴道子的《送子天王图》中有穿云肩的女性形象，金代《文姬归汉图》也出现穿云肩的人物形象，元代永乐宫壁画及敦煌壁画人像上更留下了众多云肩图像资料。明代民间女子把云肩作

图 3-4 《双烈记》剧照

图 3-5 《穆桂英挂帅》剧照

为礼服，清代妇女在礼仪场合或新婚时会穿戴云肩。光绪年间，由于江南妇女流行低髻垂肩，为防止油污染衣服，在服装上佩戴云肩成为江南民间女子的日常着装。越剧云肩有如意形和花瓣形两种类型，在这两种类型的基础上进行大小、长短、添加等不同造型变化，形成丰富多样的云肩造型。云肩主要功能是装饰性，在云肩加饰立领，可以使角色更加端庄、成熟，如《红楼梦》中的王熙凤穿立领云肩，体现出王熙凤成熟、老辣的人物性格。越剧云肩根据角色的特点，会加饰不同色彩及类型的纹样，如结婚时用红色底上面绣四季花卉的云肩，公主或有身份的女性角色穿绣有凤纹的云肩，花旦、闺门旦等年轻女性穿绣有各色花纹的云肩。在越剧表演中，为了使演员服饰有整体性，通常云肩色彩和衣服的色彩一致，或者云肩色彩与佩的色彩相同。越剧云肩在边缘端坠有珍珠和流苏，随着演员的舞台动作而晃动，从而产生韵律美（图 3-6）。

（七）越剧裙

越剧裙是越剧女性角色下装的主要服饰之一，有短裙和长裙之分。花旦一般穿长裙，裙长至脚踝；丫头和下人穿短裙，裙长至膝盖下端。越剧裙特点是具有褶裥，褶裥主要有百裥裙和马面裙两种类型。越剧百裥

图 3-6 越剧云肩

裙的每个裥宽 5 厘米，绕裙身有规律排列一圈，通常用双绉和乔其纱制作，有很好的悬垂性。越剧百裥裙在裙的低端有花卉刺绣纹样，多采用连续式样构图；裙身有贴绣的花卉纹样，多采用散点式构图。从整体上看，百裥裙装饰面积小，裙身留白面积大，装饰简洁素雅，裙子分布有均匀且密集的褶裥，使裙子具有律动感，符合越剧抒情优美的唱腔。马面裙是在裙身前片留有大面积平整面料，而裙身两侧及后背都是 5 厘米宽的密集褶裥，从前面看形似马面，故而得名。越剧马面裙的装饰重点在正前片中间的"马面"部位，因为"马面"是从腰及脚踝的长方条，因此，多采用自上而下的竖向纹样进行装饰，装饰纹样的内容及色彩通常与上衣进行呼应，以达到服饰的整体和谐。越剧裙具有很强的装饰性，整体以简洁、素雅为特色，配合具有韵律感的褶裥，增加了裙子的层次感，随着演员优美舒缓的舞姿，产生具有诗情画意的意境之美，能够很好地体现越剧女性温柔、优雅的特色。

二、越剧服饰款式的特征

越剧服饰款式大部分来源于宋、明、清时期的服饰，如越剧蟒服中蟒纹图案与明代蟒服有关联性，依旧保持明代蟒纹四爪特征及造型特色；越剧帔与宋明时期流行的褙子款式相同，越剧帔在保留宋明时期褙子基本款式的基础上，对袖子进行延长形成可舞性的水袖，增强服饰的舞蹈表演功能；越剧靠与清代戎衣在形制上有一定类似性，越剧靠在清代戎衣的基础上，保留清代戎衣的英武之形，简化清代戎衣通身甲片，只是在肩部、腰部保留甲片，减轻服饰的重量，以便于武生进行武打表演。同时，越剧服饰在沿用宋、明、清服饰时，也呈现出清瘦、修身的款式特征。为了能够更好地与越剧剧情及唱腔相统一，越剧服饰的款式以 H 型为主，如越剧旦角穿的褶、衣等，腰线会向上提升，上衣修身，显得表演者清瘦修长，在款式上具有简约、优雅、含蓄的审美特征。

第二节　越剧服饰的色彩

越剧服饰以色彩清新柔美为特色，色彩清淡、明暗对比柔和。

一、越剧服饰色彩的类型

越剧在服饰色彩上勇于创新，突破"上五色、下五色"传统戏剧服饰的限制。"上五色"为红、绿、白、黑、黄，"下五色"为深蓝、湖色、粉红、古铜、紫色。从色彩的色系看，"上五色"中红色、黄色为原色，绿色为间色，黑色、白色为无彩色系；"下五色"中深蓝色为原色，其余色彩均为间色。中国传统戏剧服装中的"上五色"与"阴阳五行说"的五行色中赤、黄、白、黑相同，唯一不同的是"上五色"中有绿色，而五行色包含青色，由此可见，"上五色"与"五行色"有关联性。中国传统文化认为，服饰被视为"顺天道"之术，服饰色彩为了达到"天人相通"，与"阴阳五行说"相结合，形成了"五行"相对应的"五色"。"五行"意指水、火、木、金、土五种物质。"阴阳五行学说"将"五行"与"五色"相配属，并赋予色彩一定的文化内涵，用木、火、金、水、土来对应青、赤、黄、白、黑。五色为五行的象征，是一切色彩的基本元素，是天地四时万物本身色彩的一种高度概括和抽象，因此，青、赤、黑、白、黄五种颜色被认为是正色，两色相混的为间色。在中国古代人们看来，正色要比间色高贵。

越剧服饰在突破传统戏剧服饰"上五色"与"下五色"的基础上，加入大量的间色，比如白色与红色、绿色、蓝色、黄色、紫色等相混合，形成粉红、淡绿、淡蓝、淡黄、淡紫色彩。《梁祝》中梁山伯与祝英台的服饰常用淡蓝、粉红，具有清新柔美的色彩特征。

二、越剧服饰色彩的特征

（一）色彩的明度对比

色彩明度对比是指色彩的明度程度的对比，是色彩的黑白度对比，是色彩搭配最重要的因素之一。在一种色彩中混合不同比例的黑色或白色，可以建立该色彩的9个等级的明度色标。由1～3级暗色组成的低明度基调，具有沉静、厚重的特点，越剧中老旦、老生等老年角色的服饰常用低明度基调的色彩，如深红色、深褐色等；由4～6级中明色组成的中明度基调，具有柔和、甜美、稳定的特点，越剧中正旦为中年角色，服饰色彩常采用中明度基调的红色、蓝色、紫色等；由7～9级亮色组成的高明度基调，具有优雅、明亮、寒冷、软弱的特点，越剧中文小生、闺门旦、花衫等青年角色的服饰常采用高明度基调的淡蓝、淡黄、淡红等色彩。

（二）色彩的纯度对比

色彩的纯度对比是指色彩的鲜艳度和浑浊度的对比，是色彩干净纯度的比较。用一个纯色与同亮度的无彩色灰按等差比例相混合，建立一个含9个等级的纯度色标，可以划分为低纯度基调、中纯度基调及高纯度基调。由4～6级中纯度色组成的色彩基调具有温和、柔软、沉静的特点。越剧服饰自"改良文戏"阶段后，对传统戏剧服饰色彩进行了改良，将大红、金黄、蓝色、草绿等高纯度基调改用粉红、鹅黄、淡蓝、中绿等中、低纯度基调的色彩。越剧服饰常用纯度适中，色彩饱和度高的色彩，在服饰色彩中加入大量的无彩色白色及灰色，使得色彩纯度降低，从而达到温和、雅致的色彩基调。

第三节　越剧服饰的纹样

一、越剧服饰纹样的类型

越剧服饰由于人物角色塑造的需要，会在服饰上绣出各种类型的纹样，服饰纹样的类型有植物纹样、组合纹样、景观纹样、龙凤纹样、禽兽纹样等。越剧服饰的纹样具有装饰性及符号性，其主要功能是装饰美化人物角色及传递人物角色身份和等级。

（一）植物纹样

植物纹样是以植物、花卉为题材的纹样。越剧服饰中植物纹样有梅、兰、竹、菊、牡丹及月季等，在男女戏服中都有体现。越剧服饰中植物纹样多运用写实手法，生动形象地再现自然植物造型。植物纹样在越剧服饰中或以连续构成的方式，形成线型，装饰于帔、褶、衣及裙子的领部或边缘；或以折枝的形式，组成大面积的装饰纹样，装饰于帔、褶、衣的衣片中；或以单独纹样的形式，以点的形式分散在裙子的裙身中。越剧服饰的植物纹样构图形式多样，排列自由，能够巧妙地与服饰的衣领、边缘、衣片、袖边、裙身等融合，从而达到装饰作用。

（二）组合纹样

组合纹样是指用多种不同类型的纹样进行组合，形成具有吉祥寓意的纹样组合。越剧服饰中的组合纹样多用谐音、借喻等手法，构成具有吉祥内涵的装饰图案。例如，"五福捧寿纹""松鹤延年"纹样，具有延年益寿的吉祥寓意，常用于老旦、老生帔中；由梅、兰、竹、菊组成的"四君子纹"，具有象征品德高尚的吉祥寓意，常用在小生及花旦的帔、褶服饰中；由水纹、山纹组成的"海水天涯纹"，具有江山永固的吉祥寓意，常用在蟒服中。越剧中的组合纹样形式多样，组合变化丰富，有团纹的构图形式，如以松、鹤组成的松鹤延年纹；有二方连续方式构图形式，如以回纹和花卉组成的领边纹样；有单独构图形式，如以单枝竹子、梅花、山茶花组成的折枝花组合纹样。越剧服饰中的组合纹样不仅具有装饰作用，还有吉祥寓意的文化内涵。通过纹样的组合，传达人物角色的社会属性及生理属性，是一种传达剧情及人物角色定位的符号媒介。

（三）景观纹样

越剧服饰中的景观纹样主要有云纹、立水纹、曲水纹、山纹等，这类纹样采用简化的方法，形成具有点、线、面特征的几何形纹样。越剧中单个的景观纹样面积小，通常会按一定方向、距离及角度等进行有规律的重复、排列、重叠等，从而构成面积较大的装饰图形。例如，曲水纹，单个曲水纹是一条具有波浪线的曲线，在进行曲水纹绘制时，用一条条波浪线按同一方向、角度及相同的间距进行重复排列，形成具有一定面积的水波纹样，然后以水波纹进行重叠，从而形成具有波浪感的曲水纹样。景观纹样在越剧中起到衬托主纹样的作用，例如，团形造型的组合纹样，在主纹样边缘会用云纹、水纹进行衬托，使主纹样构图更加饱满，寓意更加明显，如云边团寿纹，整体纹样以寿字为中心，向四周发散，为了让寿字纹样形成圆形的团纹，在寿字的边缘加入卷云纹，纹样在外观上不仅更加饱满，而且呈现圆满的吉祥寓意。

（四）龙凤纹样

龙凤纹样是中国传统的重要纹样之一，具有特殊的寓意（图3-7）。在中国传统文化中，龙纹和凤纹不仅可以表示等级身份，是帝王权力地位的象征，同时，它们又是吉祥纹样，龙凤呈祥象征着圆满美好。越剧服饰中引入龙纹、凤纹主要是为了体现等级身份。越剧中的龙纹以四爪的蟒代替，蟒纹搭配黄色的蟒服表示帝王身份，如《打金枝》中唐肃宗穿黄蟒。蟒纹搭配绿色的蟒服为武将或文武双全的人物，如越剧中的关羽穿绿蟒；蟒纹搭配白色的蟒服为英俊儒雅的中年武将，如越剧中的吕布穿白蟒。越剧服饰中的蟒纹有团蟒、行蟒两种构图。越剧蟒袍中，衣身前片正中心及肩部用团蟒，衣身前片两侧及领部用行蟒装饰。凤纹多用于身份较高贵的女性服饰中，如《打金枝》中公主穿绣有凤纹的服饰。越剧中一些身份高贵女性的服饰中也会使用凤纹，如《红楼梦》中王熙凤穿有凤纹的服饰。越剧中，龙凤纹样也可以用来比喻圆满美好的爱情，如袁雪芬版的《梁祝》中，在化蝶剧情中，梁山伯穿有龙纹的佩，而祝英台穿有凤纹的佩，这里的龙凤纹样具有龙凤呈祥的吉祥寓意，寓意了梁山伯与祝英台在化蝶之后获得了圆满的爱情。

图3-7　明代龙纹

（五）禽兽纹样

中国传统文化观念中，多以飞禽象征文官的文德，以走兽象征武将的威猛。明代官员补子中，文官补子用孔雀、锦鸡等飞禽来进行等级区分，武将用麒麟、豹、狮等走兽来区分等级。越剧以表演才子佳人的爱情故事见长，文戏多，武戏少，因此越剧服饰中多出现仙鹤、孔雀、蝙蝠等飞禽，少量有大象、麒麟等走兽。越剧中的禽兽纹样通常都以组合纹样的方式出现，如仙鹤与松树、灵芝、云纹组合，蝙蝠与寿字、灵芝、云纹、如意纹组合，大象与花瓶组合等，具有鲜明的吉祥寓意。越剧中官员补子常用飞禽表示，如一品官员用仙鹤、水纹、云纹组成圆补或方补。

二、越剧服饰纹样的构成形式

（一）适合纹样

适合纹样是具有一定外形限制的图案纹样造型，纹样的组织结构具有适合性。它是将素材经过加工变形后，组织在一定的轮廓线内，即使去掉外形，仍具有外形轮廓的特征。在越剧服饰中常见的适合纹样有形体适合、角隅适合、边缘适合。

1. 形体适合

形体适合是适合纹样中最基本的一种，它的外轮廓具有一定的形体。越剧服饰中形体适合多见圆形、方形、多边形及综合图形等。例如，越剧中旦角服饰的团花纹样，通常是把花卉、文字、云纹、动物等形成圆形适合纹样；越剧官员常穿方形补子适合纹样。越剧中老旦、正旦服饰的适合纹样在构图上多采用左右、上下对称排列，在视觉上显得严谨、稳重、大方；花旦服饰的适合纹样在构图上多采用均衡式构图，在视觉上显得活泼、灵巧、生动。

2. 角隅适合

在越剧服饰中，角隅适合纹样又称"角花"，可以根据服饰设计的需要，装饰对角或四个角，使服饰形成大与小、繁与密的对比。越剧中褶、帔等形制服饰，常在衣片的左下角、右下角部位用花卉、植物纹样组成角隅适合纹样。

3. 边缘适合

边缘适合是用线性纹样装饰服饰中狭长的边缘、衣领等部位。越剧服饰中的衣领、边缘都呈现长条形状，常用曲线结构的纹样进行装饰。越剧边缘适合纹样大部分用 S 形结构，不同形态的 S 形结构纹样表现出不同的动感，通过多图像的正反互逆、卷曲连缀使得纹样呈现出曲线构图，具有很强的流动感及节奏感，适合服饰意境的传达。越剧边缘适合纹样采用 S 形、C 形、如意形等曲线构图形式，不仅使得纹样充满灵动飘逸感，而且增加了服饰纹样的变化，使得纹样构图更加丰富。

（二）单独纹样

单独纹样是一个独立的个体，也是服饰纹样的基本单位，是组成适合纹样、连续纹样的基础。越剧服饰的单独纹样多为折枝花、单独花卉、吉祥文字、云纹、动物纹等。在纹样构图上有对称式和均衡式两种类型，其中，吉祥文字多采用绝对对称式构图，单独花卉、动物纹多采用相对对称式构图，折枝花、云纹多采用均衡式构图。

（三）连续纹样

越剧表演将唱腔与肢体舞蹈有机配合，为了凸显服饰的视觉效果，在越剧服饰的边缘处会装饰连续纹样，在演员静态表演时可以让服饰更加精致；而在演员抛绣或动态表演时，服饰中的连续纹样会呈现出线形，从而增加服饰灵动之美。

第四节　越剧服饰制作步骤及工艺

传统越剧服饰采用平面剪裁方式，其中平面剪裁有平铺和折纸裁剪之分。越剧服饰制作过程复杂，本小节以越剧古装戏服为例分析越剧服饰的裁片与缝制工艺，具体工艺描述如下。

一、裁片

由于布料具有拉伸性，不宜直接裁片，在裁片前一般会用硬纸板做纸样，然后把裁剪好的纸样与布片进行固定，沿纸片留 0.5～1 厘米缝量进行裁片。纸样一般由剪纸手工艺人剪出，纸样容易保存，且方便下次再用及相互借用，从而得到更广泛的传播。因此，通过实物可以看出，越剧的服饰在造型上具有一致性，如"如意""花卉"都具有相同的造型特征，变化不大，而服饰内部纹样装饰上灵活多变。

二、制作花样

越剧服饰花样制作有彩绘和剪纸两种方式。彩绘是将裁剪好的布片摊平，在正面用笔勾画出纹样的边线，用颜料在轮廓线内绘制颜色，标注每一区域纹样色彩的明度及色相，色彩绘制完成后，再次将纹样的边缘勾出，如此纹样就比较清晰。剪纸花是用纸张剪出装饰纹样的底样，然后根据纸花绣出纹样。

三、纹样装饰

将上好色的裁片进行晾干，熨烫平整后，用平针绣、包花绣、贴绣、拉锁绣及打子绣等刺绣方法在彩绘基础上进行装饰。花卉类多用平针绣，表现花卉精细秀美的特征，多用于女旦及小生角色。刺绣是越剧服饰图案中重要的装饰工艺，刺绣工艺用绣针将绣线按照纹样设计图纸在服饰上走针，以绣线迹形成纹饰的一种工艺。越剧服饰中的刺绣工艺有平针绣、珠绣、绒绣、盘绣等。

平针绣是越剧服饰刺绣针法中最常见的绣法，其特点是绣线从花纹轮廓一边起针，一直拉到轮廓的另一边落针。根据越剧服饰纹样的位置、方向等走针又分为竖平针、横平针及斜平针。竖平针是一种纵向的走针方法，可以绣一些竖向生长的植物，如竹子纹样中的竹竿和竹叶可采用竖针，使竹子具有挺拔感；越剧服饰中的花瓣也多用斜针，因为花朵生长是以花蕊为中心向四周发散，运用斜针更能模拟花瓣生长走势及表现花卉颜色的深浅变化，让花卉看上去栩栩如生；越剧服饰中文字图案的横画会采用横针，因为文字图案边缘清晰、平整，采用横针能很好地体现字的笔画。越剧中小生和花旦的服饰纹样多采用平针绣，表现细腻雅致的效果。

珠绣是指用珠子、珍珠、亮片材料来制作的绣法。我国珠绣历史悠久，在唐代为了表现服饰的华丽，会将珍珠缝制在服装中；到明清时期，宫廷服饰会将珠片、金属片或贵重的珠宝用于帝王、皇后的服饰中，以达到高贵华丽的效果。越剧服饰中的珠绣多用珍珠、人造珠片及人造珠管进行缝制。用珍珠串连可以制造出云肩、下裳，通过珍珠串连的疏密、长短、交叉等变换方式，获得不同的形制及穿戴效果。珍珠分白珠和彩色珠子，通常用白色的珠子串连成线，而后制造成云肩或缝制在衣服边缘下垂，珍珠光色淡雅，具有东方审美情调。

绒绣是用羊毛绒线绣出各种花纹的绣法。绒绣起源于欧洲，在 20 世纪初英美商人在上海开设谦礼洋行、谦泰洋行，组织绒绣来料加工，绒绣由此传入中国上海、烟台等沿海城市。越剧服饰中绒绣形象逼真、层次清晰、立体感强，色彩比较浓郁，常由高纯度的蓝色、黄色、红色绒线做成。绒绣多用于越剧的头饰上，如旦角头上的钗饰及点缀的花卉配饰等。绒绣在整体越剧服饰上的占比不大，主要起到点缀的效果。

盘绣又称盘花绣，在绣制时将织物剪成长条，然后根据构图需要盘成纹样，用手工缝制而成。盘绣借鉴了传统盘扣的技法，具有精致、立体的艺术效果。在越剧服饰中，盘绣多用来制作具有华丽效果的服饰，特别是身份地位较高的女性服饰。通过盘绣可以绣出具有立体感的花卉、动物纹样，使服装显得更庄重、华丽，常在一些礼仪剧情中出现。

四、包边

在越剧服饰的外圈包边主要有滚边及绣边两种工艺。从整理实物来看，在越剧服饰的内圈边缘基本都有滚边，其宽度约 0.5 厘米，滚边工艺制作的边缘平滑整洁，与皮肤贴合。外滚边比内滚边略宽，一般宽 0.5 ～ 1.5 厘米，常用黑色、蓝色等低明度色彩绸缎面料进行缝制。绣边用空底平面绣对边缘进行锁边，常采用平行线、齿形线两种针法。平行线针法是在边缘 0.2 ～ 0.5 厘米处用直向短线进行正反面缝制；齿形线针法是在边缘 0.2 厘米处用倾斜 45° 的短斜线进行缝制，外观呈牙齿形的折线。

第四章　越剧服饰的艺术特色及形式美感

第一节　越剧服饰的艺术特色

越剧服饰在不断改良和表演实践中，形成了意象性、装饰性、可舞性及独特性的艺术特色。

一、意象性

意象是艺术形式和内容高度和谐的体现，"象"可以理解为现象世界，而"意"是掺杂了人的感悟。"意"是人通过现象世界"象"所感悟的产物，"象"是"意"的基础；"意"要依托现实世界"象"来实现，"意"是"象"的升华，融入了人的联想及感悟。意境美在中国传统美学思想中具有重要的分量，意境美学已经深入根植于中国传统艺术中，成为传统艺术重要的创作思想和审美理念，成就了具有中国特色的艺术审美观。

从造型角度来看，"意"要依托现实世界的"象"来实现，现实世界的"象"有实象和假象之分。实象是指现实世界的直观形象，是现实世界物体的外在形式，具有静态的特征。假象是现实世界物体的动态特征，是一种相对抽象的象，是现实世界物体的内在形式，要通过一定的观察分析之后，才能了解的象，需要借助一定的物体去表达现实世界物体的动态。

服饰中的实象是运用写实手法直观地模拟事物外形，对现实事物进行再现。越剧服饰中的纹样通常是用写实的手法，对自然物进行形象生动的模拟。例如，越剧生角和旦角中的植物花卉，运用写实手法表现现实世界的实象；越剧小生和正旦的褶衣，在衣服前片的下摆有面积较大的折枝花卉，题材多为梅花、茶花、菊花、兰花、桃花及竹子等自然花卉及植物。为了逼真地再现现实世界花卉的实象，在纹样造型上，采用单枝或双枝自由式构图，花枝从衣服下摆的边缘蜿蜒曲折地向上延伸，花中有叶，叶中有花，生动逼真地再现了自然花卉的生长姿态。在纹样色彩上，以自然花卉色彩为依据，兰花用白色，茶花用红色，菊花用黄色，牡丹用红色、黄色。为了再现花卉的色彩渐变，在刺绣上采用晕色法，使花卉纹样呈现出由浅及深的渐变效果，具有真实细腻的写实特点。在花卉纹理上，以自然花卉的纹理特点为依据，使用不同的刺绣方法，如竹子纹理是竖向生长，采用竖针表现竹竿和竹叶；山茶花和牡丹花花瓣较大，花卉的生长是以花蕊为中心，向四周开放，采用斜针表现花瓣，所有的线迹走向以花蕊为中心，朝花蕊聚集，真实地表现出花朵的纹理及生长姿态。越剧服饰中的写实花卉精致而逼真，构图自由而生动，使服饰具有鸟语花香、生机盎然的自然之趣味。

服饰中的假象是运用原型相似或关联的图像，去表达现实世界的动态之形。在现实世界中，动植物景观的形状是相对静态的，而天空、大地、东西南北等很难用具体的形状去描绘，因此，古人为了表达这类物象，会借用想象及形象归类联想来创造相应的图像，而这些图像在现实世界存在，但其形态是不确定的，只能用其他关联物象代替，所以称为假象。在越剧服饰上有多种假象，一是用与现实世界原型相似的图像，通过图像真实、形象地反映现实世界某些现实关系。例如，依据中国传统五行、五色与四兽的说法：东方色为青、南方色为火、北方色为黑、西方色为白、中间色为黄，运用不同的色彩表示方位。在中国戏剧表演中，同样用不同的色彩来表示角色的性格、品德，红为忠，白为奸，黑为刚强粗犷，黄为智谋聪慧，蓝为猛，绿为怪，金粉表现神仙。二是把现实世界不同的物象进行重新组合，获得一定内涵及寓意。这类对现实世界组合的图像，虽然其图像在现实世界中都能够找到相应的原型，但是组合的图像中所有的事物不可能同时出现在一起，而是人们为了获得某种特殊的寓意，把原本不相关的图像或不可能在一起的动物、植物等组合在一起，如五毒纹样、一年景纹样、云边灵芝鹤纹等。

服饰中的"意"要依靠"象"得到恰当、充分而完善的表现，从而达到"得意忘象"更高级别的审美目标，概括地讲就是形式与内容的高度协调。戏剧服饰装扮反映出的意象美感是舞台艺术始终追求的目标，而戏剧服饰艺术的美得以升华到一定的意境，则使戏剧舞台艺术达到新的高度。

从意象的含义来看，意象还包括意境的内涵，意象性具有意境的审美内涵。在服饰艺术作品的审美中，意境美是最高的境界，它能触发人们的联想，调动一切想象的因素，它带给人的美感要远远高于人的感官所得到的愉悦。

越剧服饰发展到现阶段，已经从最初的不同的角色能够有衣可穿的初级阶段，逐渐发展成追求更深层次的精神文化内涵阶段，追求"得意忘象"的意境之美，进而形成抒情、写意的服饰风格。越剧服饰中也同样采用写生与写意相结合手法，通过虚实结合呈现出意境之美。坤生是越剧具有代表性的角色，坤生是指女性扮演男性角色的小生。越剧坤生在服饰造型上采用了写意的手法，主要在风骨、气质、神态上体现男性的特征从而"得意忘象"。越剧坤生的妆容上，在模拟男性外貌特征的同时，不刻意遮掩女性化的外貌特征，使整体妆容既有男性英俊的气概，又有女性的温和。例如，眉毛模仿男性的剑眉，贴美目贴及假睫毛又体现女性特征。越剧表演时，常借用服装进行意境呈现，越剧《窦娥冤》中，窦娥身穿红白相见的七尺水袖，在申冤时，窦娥双袖左右伸展，水袖随着舞姿上下翻腾，像掀云卷雨，通过写意的表现传递窦娥心里的冤屈。

越剧服饰中虚实相生，虚中有实，实中有虚，运用虚实、留白等手法表现意境之美。例如，越剧服饰图案布局，在衣领、衣袖边缘、人物头部、衣领、前胸、袖口、肩部等部位，通常会有精致的刺绣图案或装饰品，而裙子及衣服的后背通常没有图案或装饰品，有大量的留白。图案整体布局疏密有秩，虚实结合，给人留下丰富的想象空间。

二、装饰性

越剧服饰有美化角色、装饰舞台的功能，综合考虑了实用、审美、表演等各方面的因素。越剧服饰的装饰性从服饰风格、整体组合、色彩搭配、妆容配饰等方面体现出来，具有赏心悦目的形式美感。越剧服饰通过色彩、造型、纹样等有目的的组合及排列，使服饰具有柔美、雅致的审美特点，具有很强的装饰性。

（一）服饰造型的装饰性

服饰造型是指服装整体的搭配，主要依托服饰的款式、结构、配饰及人物的妆容共同来表现。越剧服饰运用形式美的方法及技巧，在满足表演功能的基础上同时具有审美价值。越剧服饰审美价值主要是通过服饰的图案、色彩、造型及工艺来呈现。现代服饰设计认为，服饰图案、色彩、造型等审美价值是依托点、线、面及体的构成来实现。以下从点、线、面及体方面阐述越剧服饰造型的装饰性。

1.越剧人物妆容的装饰性

越剧服饰运用装饰造型的效果来夸张、美化或丑化人物。例如,越剧《长乐宫》表现的是汉代宋弘和曹慧娘及湖阳公主三人之间的爱恨情仇,剧中侯登是丑角,为了丑化角色形象,郑采君饰演侯登时,化妆浓艳搞笑,再加上头戴圆角乌纱帽更显得滑稽。

越剧中人物角色形象鲜明,对媒婆、贪官等角色会进行丑化,而对剧目中的主要角色如小生、花旦会进行美化。例如,越剧《红楼梦》中,林黛玉饱读诗书,极具才华,在对林黛玉进行造型时,服装上多以流畅的线条为主,如穿柔软面料做成的百褶裙,配上清新淡雅的妆容,使越剧中林黛玉具有仙女气质。

此外,越剧中人物角色的妆容以柔美为主,为了达到柔美的效果,越剧化妆技术在实践中不断总结改革,从传统水粉化妆过渡到油彩化妆。越剧传统的水粉化妆与改革后的油彩化妆区别:一是妆容底色的变化,水粉化妆的底色为白色水粉,而油彩化妆的底色为肉色;二是腮红的变化,水粉化妆腮红用粉红色涂在鼻梁周围,在眼睛上下向外揉开,油彩化妆腮红用棕色涂在两颊,同时根据颧骨高低以及眼、脸型胖瘦,变化涂红的面积及深浅;三是油彩化妆在内眼角、外眼角吸收中国画中仕女画的方法,加上红色,嘴唇先用深色勾出轮廓,然后用口红或红油彩涂匀。油彩妆容使演员面部既艳丽夺目,又柔和自然,与越剧柔美的总体艺术风格相协调。

2.越剧服饰中款式的装饰性

越剧服饰款式简洁优雅,能够衬托出表演者优雅的身姿。越剧服饰通过平面裁剪,服装款式结构以直线为主,直线给人有挺拔、向上延伸之感,在视觉上显得穿着者身材更加修长,美化了表演者的身姿。越剧服饰通过服装中不同的分割线,增加服饰的装饰趣味。

越剧小生褶的领子都呈长条状,且斜向从颈部与肩部的结合处延伸至腋下,能够对表演者的脸型进行修饰,让表演者的脸型更加修长和精致;越剧帔的领子是直领,有短直领和长直领之分,竖向的直领可以使演员的脖子更加修长,同时演员的脸部显得更瘦更尖,体现出雅致之美;越剧衣多用圆领,且在领子下面5~10厘米的地方绣有一圈纹样,增加圆领对演员脸部的装饰作用,圆领让表演者的脸型更加圆润,更能体现脸部线条的美感。

从越剧服饰的款式造型上看，越剧服饰具有雅致、充满诗意的特征，在服饰及图案设计中，行款式造型之虚，达情调表现之实。越剧服饰宽衣博带，服饰面料柔软、轻薄，随着演员身段转折富于变化。越剧青春、靓丽的花衫、闺门旦等女性角色穿着高腰节的越剧裙，采用轻薄而柔软的纱、绉、亚光绸等面料，裙子有细密的褶裥，褶裥密集而悬垂性好，整体线条流畅而飘逸，表现出越剧女性柔和、优雅的外表，体现出越剧花衫、闺门旦轻盈柔美的审美特征。越剧服饰中丰富的线条、边缘线、褶裥线、分割线等产生不同的形式美感，使服饰有长线、短线、直线、曲线、弧线等多种线条类型。越剧服饰擅长用不同的线条来装饰人体，长而细的褶裥随着演员身段而变化，从而使演员优雅多姿；宽松的下摆形成自然曲折线条，犹如水波一样充满律动感；短而平直的领部分割线，具有简洁、平整的视觉效果。

3. 越剧服饰中纹样的装饰性

在我国历史上，服饰中的装饰图案极其丰富，不同历史时期，服饰纹样所呈现的装饰美感差异极大，如夏商周时期，服饰纹样以回纹、雷纹、云纹、饕餮等几何图形为主，具有粗犷、神秘、庄重的审美特征；秦汉时期，服饰纹样简练而富于韵律，飞禽、走兽、云气、蔓藤及吉祥文字等充满生气，具有气韵生动、虚幻的审美特点。

在越剧人物角色形象的塑造上，戏剧服饰纹样处处显示出其极为重要的装饰功能。越剧服饰具有固定的纹样布局形式，形成了一套约定成俗、通俗易懂的艺术语言。越剧文小生中的书生、秀才等，在褶的左小角用角隅纹样，又称"角花"，与领子花纹形成对角呼应；老旦、老生帔上用团花、团寿纹样，采用对称式构图，体现稳重、成熟的老者风范；越剧花衫、花旦丫鬟服在云肩、衣身、裙身处多用散点式小碎花纹样，体现青年女性的活泼性格。

4. 越剧服饰中色彩的装饰性

为了更好地装饰戏剧角色，越剧服饰纹样的色彩通过与服饰整体色彩保持一致。书生、秀才的纹样用色淡雅，纹样采用服装底色的类似色系，在使纹样色彩与服装统一、协调；老旦、老生纹样多用褐色、枣红、深绿等明度低、纯度低的色彩，色彩的变化主要使用明度渐变，只有少量色相对比，纹样色彩深沉、稳重，从而与服装色彩保持统一性；越剧花旦丫鬟、花衫纹样色彩多用大红色、草绿色、湖蓝色等明度高、纯度高的鲜亮色彩，与服装底色在色相、明度、纯度等方面形成对比，显得活泼、生动。由此可见，越剧服饰针对不同角色，纹样的类型、排列、色彩、构图等采用了能够突出角色个性的组合方式，通过纹样造型、色彩、构图等多方面的组合，烘托出角色的沉稳、活泼、文静等不同的性格。

5. 越剧服饰中工艺的装饰性

越剧服饰还采用包边、滚边、刺绣等传统工艺，使服装具有精致的审美感受。越剧服饰制作工艺精细、美观，通过精湛的手工艺制作技巧，突出戏曲服饰工艺高超的感觉。越剧服饰上的装饰纹样以刺绣为主，运用哪种针法和色彩需根据角色类型确定。例如，为体现柔美、文雅的角色，采用斜针刺绣花纹，使纹样色彩过渡更加自然、柔和；为了体现老旦、老生的沉稳、睿智，采用竖针、横针刺绣寿字纹样，使纹样呈现厚实、稳重的效果。越剧服饰以轻薄的丝绸面料为主，服饰边缘多为直线，为了使服饰具有雅致的审美感受，在服饰边缘会采用包边、缝边技术，使服饰边缘平整、贴合、精致。越剧女性角色的头饰丰富多样，是装饰人物角色的重要配饰，头部是戏剧表演的主要视觉中心，头饰造型、工艺等对演员的妆容、表演都有直接影响。越剧头饰多用绒线、翠鸟羽毛等制作，工艺精良，造型别致，具有很强的装饰性。由此可见，服饰是越剧表演艺术的一部分，为了体现越剧表演特色，会采用精细、美观的服饰制作工艺对服饰进行装饰，具有装饰性的服饰工艺是越剧服饰风格形成的重要因素之一。

（二）人物角色之间服饰的协调性

越剧表演需要同时多个角色配合，共同完成戏剧表演内容。在越剧常见的才子佳人剧情中，随着故事叙事的需要，小姐、丫鬟、公子、男仆、父母、长辈、官员等不同角色之间相互配合，从而呈现剧情内容。越剧多角色的叙事配合表演方式，角色之间的性格、身份、心理等差异较大，穿着的服饰也各不相同，因此，为了更好地呈现舞台效果，需要对舞台上不同角色的服饰进行统一规划。

1. 角色之间服饰的呼应与统一

越剧表演时，通常是两个以上的角色共同完成唱词、舞蹈等剧情表演。越剧服饰根据角色的配合情况，从角色身份、地位年龄进行呼应与衬托。越剧中表示夫妻关系、爱人关系时，会对服饰的款式、色彩、纹样等进行呼应处理，如使用相同的款式、类似色系的色彩、同一类别的纹样等，在形式与内涵上使服饰之间产生关联。越剧服饰中的"对儿帔"，是根据角色的夫妻关系设计的服饰。穿"对儿帔"在越剧中表示夫妻关系，一般是老生、老旦同台表演时穿着。越剧中"对儿帔"特征是老生、老旦都穿着款式、纹样、色彩等相同的服饰，服饰不进行男女区分，只是在演员头部发型、帽饰、妆容上加以区分。越剧角色之间的呼应与衬托，不仅可以表明角色之间的关系，而且使服饰更具整体性，达到统一、协调的形式美感。

2. 角色之间服饰的对比与突出

为了使角色性格、身份表达得更加明显，越剧服饰会对身份、地位、性格相差极大的角色进行区分。通常越剧中人物关系复杂，身份各异，在各种人物组合与搭配中，呈现出极具反差的人生境遇，因此越剧在进行角色之间服饰的对比与突出时，有几种固定模式。一是主仆关系，越剧中讲述才子与佳人故事时，古代才子通常配有书童，小姐配有丫鬟。越剧为了区分主仆的身份，主仆之间的服饰采用对比与突出的手法进行区别，通常主人的服饰会精致、优雅，服饰款式的分割线少，显得更整体美观、高雅，而仆人的服饰没有纹样装饰，服饰款式多以短衣、短衫为主，分割线多，显得朴素、贫寒。在色彩区分上，主人的色彩会选用雅致的色彩，如在红、绿、蓝、黄等色彩中加入白色，使色彩的鲜艳度降低，色彩看上去更雅致；仆人的色彩会选用艳丽的色彩，以散点分布的形式进行处理，显得活泼跳跃，从而与主人温和、雅致的色彩产生对比，使得主人的服饰色彩更加雅致、大气、端庄。二是官民关系，在越剧服饰中，官员的服饰通常用特别的色彩、纹样与平民服饰进行区分。越剧中帝王穿黄色服饰，状元或官员穿大红色服饰，而一般才子穿淡蓝色、粉绿色、淡黄色、黄绿色等间色服饰。三是爱人关系，越剧中情侣、夫妻角色由于性别、性格、气质等差异，通常服饰的色彩、纹样等会采用对比与突出方式进行设计。例如，越剧《梁祝》中，梁山伯与祝英台在一起时，由于剧中祝英台是以女扮男装的方式出演，祝英台与梁山伯的服饰款式都为褶，为了区分两者性别，梁山伯穿蓝色褶，祝英台穿粉红色褶。越剧服饰通过色彩的对比与突出，不仅区分了角色的身份、性格、气质、性别等，而且使得服饰具有形式美感，增加了舞台艺术的视觉冲击力。

三、可舞性

中国古代戏剧与舞蹈有很深的渊源，正如《辞海》所说："戏曲渊源于秦汉的乐舞、俳优和百戏。"在表演形式上，中国古代戏剧与秦汉乐舞都是"歌舞合一"，不同的是古代戏剧除了"歌舞合一"外，还兼具"唱做并重"。王国维在《宋元戏曲》中认为中国传统戏曲是以"歌舞演故事"。演员在表演时，嘴里念唱的词有的意思需要用动作来进行解释，从而把词意传达给观众，总体要做到"歌舞合一"及"唱做并重"。越剧演出时，特别是旦角及生角戏份，演员在乐器伴奏声中载歌载舞，越剧表演的唱、念、做、打等都有舞蹈动作配合，越剧服饰的造型与表演中的舞蹈成分紧密关联。演员在唱时，演员要结合唱腔，配合服饰做出喜、怒、哀、乐等动作。越剧《李奎下山》中，有一段李奎下山的动作，为了表现李逵下梁山，见到沂蒙山的美景时，唱词为"李逵我下山岗心花怒放"，演员借助腰间大带和水袖快节奏的摆动，表现李逵欢快的心情；演员在念词时，需要用比画的手势来注解词义；演员做和打时，要用成套跌打翻滚的动作来表现角色的情感。越剧服饰的可舞性包含了以下三层含义。

一是，越剧中舞蹈表演需要服饰来表现，能够增加舞台表现力。越剧表演时，演员借用服饰，来体现角色的内心情感和人物个性，对增强情感的表现力和神态美有着重要作用。越剧表演蟒可以做"撩"，演员通过"撩"的动作，体现急躁、气愤的情感；越剧表演靠可以做"飞"，"飞"是指演员通过旋转、打斗的动作，使得靠背上的四面幡旗飞动，体现打斗的激烈性；越剧表演时褶可以做"踢"，"踢"是指演员大幅度走动，是一种夸张的走路动作，在视觉上感觉像在踢衣服；越剧表演水袖可以做"舞"，"舞"是指演员通过对袖子的掌控，做出甩、抖、扬、掸等水袖动作、从而传递各种不同的感情；越剧表演翎子可以做"颤"，"颤"是指演员摇动头部，使得翎子往左右、前后颤动，以体现角色激动的情绪。

二是，越剧服饰需要通过符合人体工学的设计，满足演员在表演时的舞蹈动作及跌打翻滚的动作，因此，服装在款式设计及面料选择上，要考虑服装是否适合演员舞台表演的需求，为演员的舞台表演提供条件。为了更好地进行舞台表演，越剧服饰在设计时，需考虑在不同表演动作时，对服饰功能的需求。例如，越剧帔、褶、衣等不同形制类型的服饰，在服饰中都进行了可舞性的功能设计,在服饰的侧面或正前、正后进行开衩设计,使得服饰四面开衩,满足服饰可穿性和可移动性的功能需求。

三是,越剧的剧情表现需要服装来配合,越剧服饰通过款式、色彩及纹样的变化,运用比喻、暗示、谐音等手法形成相应的语义,从而传达剧情变化及人物心理。越剧服饰不仅有助于增强舞蹈的表现力,同时服饰也反映了剧情的发展。越剧表演时,越剧服饰有助于增强演员舞蹈动作的表现力。例如,越剧《孔雀东南飞》中,孔雀斗篷贯穿整个剧情,是象征刘兰芝和焦仲卿的爱情之物,又是刘、焦悲欢离合的标志。在《孔雀东南飞》中,孔雀斗篷第一次出场是在剧情的开始,在刘兰芝和焦仲卿的新婚之夜,新娘刘兰芝将孔雀斗篷送与新郎焦仲卿,也是他们爱情开始的见证。孔雀斗篷第二次出场是在戏剧中间,孔雀斗篷被太守五公子收购,虽然刘兰芝极力反对,但孔雀斗篷最终在焦母的逼迫下,最终无法保全。孔雀斗篷的转卖,预示着刘兰芝和焦仲卿爱情受到外力的阻挠,最终刘兰芝和焦仲卿爱情和婚姻土崩瓦解。随着剧情的发展,刘兰芝和焦仲卿婚姻不能长相厮守,孔雀斗篷第三次出场是刘兰芝和焦仲卿在剧末时,两人各自穿上孔雀斗篷,双双殉情。《孔雀东南飞》中的孔雀斗篷反映了戏剧表演时,戏剧服饰作为道具,推动着剧情的发展,同时用唯美精细的孔雀斗篷表现美好的爱情。在封建思想的禁锢下,象征唯美爱情的孔雀斗篷不能保全,美好的事物被无情地破坏,增加了整个戏剧表演的感染力,孔雀斗篷也完成了无声语言的表演,体现越剧服饰在越剧演出中的表现力。

四、独特性

越剧是一个年轻的剧种,在由笃古、尺版、落地唱书形式逐渐向戏曲形式过渡的进程中,其服饰吸收了其他一些较古老剧种的传统程式,在吸收与借鉴的同时,越剧服饰根据舞台表演剧目的变化,与时俱进,最终形成成熟、稳定的表演服饰体系。相较于京剧、昆剧、绍剧等传统戏剧程式化的衣厢,越剧在服饰色彩、面料、纹样布局等方面具有独特性。在服饰色彩上,越剧服饰突破了传统戏剧"上五色""下五色"的限制,在服饰中使用大量的间色、中性色,使得越剧服饰色彩柔和、淡雅;在服饰面料上,越剧服饰用双绉、纱等不反光的面料,取代了传统戏服紧密二反光性能好的绸、缎面料,面料轻薄、光泽柔和;在纹样布局上,越剧服饰的纹样简洁、面积少,主要聚集在衣服的领部、袖、摆等服饰边缘，突破了传统戏服满身刺绣纹样的装饰趣味，使得纹样更精致、排列疏密有秩。越剧服饰独特性有其历史因素、内部因素及根本因素，在各种因素的影响下，造就了其优雅、简洁、柔和的服饰特色。

越剧独特的唱腔是越剧服饰变革的根本。越剧唱腔擅长抒情，曲调细腻婉转，声音唯美动听，具有江南诗情画意的特色。越剧服饰在色彩上，使用了大量的中间色，如粉红、粉兰、浅绿等色彩，使色彩更雅致，充满诗情画意，符合越剧唯美典雅、长于抒情的唱腔特色。越剧服饰在纹样上，抛弃传统衣厢制中纹样繁多的设计，纹样变得更加简洁、更符合越剧追求意境之美的特征。图 4-1 ～图 4-4 是不同时期越剧《十八相送》的服饰，《十八相送》表现的是梁山伯与祝英台之间的爱情故事，全剧故事以爱情发展为主线。在《十八相送》剧情中，在服饰设计上梁山伯与祝英台都穿花褶，服饰纹样以寓意爱情的梅兰竹菊等植物纹样为主。通过不同年代《十八相送》中梁山伯与祝英台的服饰比较，会发现服饰款式都是穿越剧褶衣，但是其服饰纹样有很大区别。图 4-1 是 1938 年的《梁祝哀史·十八相送》，由马樟花与袁雪芬饰演梁山伯与祝英台，从这张图片可以看出，梁山伯手持扇子，身穿男士越剧褶，在服饰的领部、左右两侧等绣有大面积的竹子纹样，以寓意梁山伯高尚的道德情操，祝英台手持花卉，身穿男式越剧褶，在服饰的领部、前后衣片及袖子等绣满梅花、喜鹊纹样，以寓意对美好爱情的向往；图 4-2 是 1954 年的《梁祝·十八相送》，由徐玉兰和王文娟分别饰演梁山伯与祝英台，两者穿着花褶衣，在领部有大面积的纹样，但相比当代 1938 年的《梁祝哀史·十八相送》中梁山伯与祝英台服饰纹样已经简化许多；图 4-3 中梁山伯与祝英台身穿花褶衣，在领口有小面积的二方连续纹样，左侧衣片有月季花角偶纹样，纹样整体面积小，

图 4-1　袁雪芬版越剧《梁祝哀史·十八相送》剧照

图 4-2　王文娟版越剧《梁祝·十八相送》剧照

显得服饰小巧精致。图4-4是2022年的新版《梁祝·十八相送》服饰，演员服饰与以往版本的《梁祝·十八相送》有很大的改良与创新，在服饰款式上以传统褶子衣为基础，加大两侧下摆服饰的余量，袖口也比以前宽大许多，整体款式飘逸而且具有诗情画意，领部有少许纹样。可以看出，新版《梁祝·十八相送》中梁山伯与祝英台的服饰进行了综合的创新，在不影响戏剧表演的基础上，融入了现代审美趣味，使传统戏剧服饰与时俱进，同时也说明越剧服饰具有开拓性的特征。正是这种对传统服饰的改良与创新，使得越剧服饰与其他传统戏剧服饰有明显的区别，从而彰显越剧服饰的特色。越剧充满诗情画意的优美唱腔，给越剧服饰创作提供了丰富的想象力，是越剧服饰创新的根本。

图4-3　2006年版越剧《梁祝·十八相送》剧照

图4-4　2022年版越剧《梁祝·十八相送》剧照

第二节　越剧服饰的形式美感

德国著名哲学家伊曼努尔·康德在《美的分析》中指出："形式美法则是人类在创作美的形式、美的过程中对美的形式规律的经验总结和抽象概括，它是进行一切造型艺术的指导。"康德认为，形式美法则是人类在美的创造过程中的经验总结，是一切造型艺术的理论依据。一切造型艺术都是点、线、面按照美的规律进行综合构成的形态，越剧服饰也不例外。通过对越剧服饰中点、线、面的分析，能够揭示越剧所蕴含的形式美感。服装之所以能够产生美感，是因为服装造型中的点、线、面、体有机运用形式美法则进行有机地组合和构成，服装中的点、线、面既是独立的个体，又是相互关联的整体。越剧服饰清新、雅致、柔美的审美趣味，是在越剧服饰中对点、线、面、体各个因素的恰当应用，同时又是整体关系运用形式美法则的结果。对越剧服饰的形式美感进行分析，必须了解越剧服饰中点、线、面在服装中的运用规律，从而对越剧服饰美感有更深入的了解。

艺术设计学理论认为，服饰中的点、线、面之间的概念是可以转换，点的连续形成了线，线的密集排列形成了面。服饰中的点、线、面之间没有明确的界定，三者之间各具特点，同时又相互关联。越剧服饰中的点、线、面是相对概念，根据所在服饰上的相对大小、位置变化而发生改变。

一、越剧服饰中点的形式美表现

在数学概念中，线与线交叉形成点，点是面积最小的圆。在服饰艺术中，不同的点其含义也不相同，点必须有一定的形象存在才能产生相应的视觉形状。服装中的点是形状、面积、大小等具有空间位置的视觉造型。越剧服饰中的点是由面积较小单位的色块、纹样、局部组成部件构成，面积小的点容易产生点的视觉感受，面积大的点则容易形成面的视觉感受，因此，点在服饰中是相对存在的，根据参照物的大小，点的视觉感受会发生相应变化。服饰中的点在空间中有标明位置的功能，具有突出、注目及吸引视线的特性，容易形成服饰的视觉中心。点在服饰中有规则和不规则的区分，是一个独立的造型元素，包含形状、色彩、面积及体积等造型因素。服饰中的点既可以以纽扣、亮片、头饰、宝石等突出单个点的形式出现，也可以以单个纹样进行重复排列的形式出现，形成线、面等造型。在服饰设计时，既可以对点进行排列处理，形成大小、疏密、虚实的变化，也可以对点的色彩进行设计，形成明暗层次变化，丰富服饰的视觉效果。

越剧服饰中的点主要由纹样形成的点及配饰形成的点组成，形成几何形和自然形的点。在越剧服饰中的点常采用节奏与韵律、对比与调和、条例与反复的形式美法则进行处理。点的节奏与韵律，是指点对点进行大小、高低、强弱、疏密、聚散、间隔、跳动、渐变等处理，从而产生平缓、起伏、跳跃、轻快、激越的变化，形成节奏、韵律的审美感受。越剧服饰常借用点的造型元素，对点进行有规律的排列，从而形成明暗浓淡、聚集发散、强弱刚柔的变化，从而形成有节奏与韵律感的服饰效果。例如，越剧服饰中常用珍珠进行装饰，珍珠呈白色圆点状，把单个珍珠串成线，然后运用编织手法织成云肩、流苏、佩、项链、耳环等装饰品，从而形成聚散、疏密、反复的节奏美感。越剧服饰的领部纹样，面积小，常用花朵、云纹、窗格纹、回纹、蝴蝶等点状纹样进行排列与装饰，通过对单一纹样有条理地反复重复，形成统一、整齐的和谐美感。例如，越剧靠，利用甲片反复排列、堆叠，使得甲片由点成面，形成具有条理性的和谐美感。

二、越剧服饰中线的形式美表现

点的连续移动形成线，线具有长度、形状、方向，是面的边缘。在服饰艺术中，线必须具有一定的宽度和长度，同一件服饰中，线和面的概念可以相互转换。宽度小的线容易产生线的视觉感受，宽度大的线容易产生面的视觉感受，线的密集排列呈面状。线是越剧服饰美感形成的关键要素，在服饰中，线有丰富的表现力，线的粗细、虚实、强弱、轻重、直曲、刚柔能够产生不同形式的变化，从而形成不同的形式美感。越剧服饰中常见的线形有直线和曲线，通过对直线和曲线的综合运用，形成具有形式美感的越剧服饰。越剧服饰采用平面裁剪，服饰结构以平面结构为主，服饰的边缘线清新、平整，因此，越剧服饰中的边缘线多是直线。在越剧服饰中，直线主要有水平直线、垂直直线和倾斜直线三种类型。越剧服饰的水平直线主要有下摆线、腰线、袖口线、领口线等，例如，帔的下摆、袖口、领口的边缘线均是水平直线，具有平稳、安静、端庄的美感；越剧服饰的垂直直线主要有门襟线、褶裥线、开衩线等，例如，越剧裙密集的褶裥线，形成密集的垂直直线，通过垂直线条的反复重复产生具有韵律感的视觉美感；越剧服饰的倾斜直线主要有交领线，例如，越剧褶和衣都采用交领式领子，形成左右倾斜的直线，倾斜的直线具有明快、刚劲的形式美感。由此可见，越剧服饰中的直线多是由于平面剪裁而形成，服饰的外轮廓由不同类型的直线构成，从而形成具有简洁、干脆、平整的服饰外观。越剧服饰通过直线的长短、方向的变化，使得服饰具有节奏感。

越剧服饰面料轻薄，服饰随着演员的动作也会产生不同类型的曲线，具有柔软、优雅、流动性的特点。越剧服饰随着演员表演而呈现出来的线条具有不稳定性，其曲线的形成多勾勒出人体的形态，体现人体曲线，使得服饰更生动。越剧服饰的曲线主要由云肩、佩、纹样、配饰等结构形成，曲线的类型有S形、C形两种类型。越剧服饰中的曲线与传统文化追求自然、环境和谐共生的精神理念一致。在传统文化的影响下，越剧服饰的款式造型、纹样结构处理等都有自然之趣味，从而形成不同形态的曲线。越剧服饰中为了体现自然之趣味，通常利用曲线多重回转、勾卷、伸缩、弯曲等模拟自然界植物、花卉的形态，使得服饰产生流动飘逸的曲线及勾卷弯曲的线条结构，具有生动、优雅的审美特征。曲线除了弯曲程度的变化，还有曲线长短、曲体饱满程度的变化，通常弯曲程度越大、越饱满，曲线越接近圆形，越流畅、饱满。

越剧服饰中的S形曲线，在服饰纹样的形态、构图中均有体现。S形曲线主要在曲线的头、身、尾线上进行方向变化。例如，越剧服饰中折枝花，在勾勒花朵形状时，用勾头进行弯曲绘制花朵冠部，再延续改变弯曲方向，使花朵底部与花蕊相接，从而圆润饱满地表现出花朵盛开的形态，在视觉上富有张力和弹性。越剧服饰中的折枝花除了勾勒花朵形态形成的曲线外，在二方连续纹样的构图上，也常用S形构图。越剧服饰纹样中，S形构图时以植物、花卉元素反方向对称的构图形式，在视觉上形成正反互逆及回旋反转的关系。S形构图纹样由于正反双方的沟通连缀，中间不做停顿和间断，从而形成流动感、节奏感的形式美感，使得简单的纹样变得更加生动，富有装饰趣味。越剧服饰中C形曲线，主要体现在纹样及云肩造型上。例如，越剧服饰中常用如意形云肩、如意形衣领等。如意形是典型的C形曲线，其结构以C形线为构成元素进行左右对称，组合成相对而立的关系，在视觉上平中见曲、稳中有动，具有运动张力和稳定的形式美感。

总体来看，越剧服饰柔和、雅致、飘逸的艺术风格与服饰中的线有很大关联，越剧服饰中的曲线、直线共同构建了具有越剧服饰特色的美感，线的穿插、排列、弯曲使得服饰具有稳重、生动、飘逸及秩序感，具有很强的艺术表现力。

三、越剧服饰中面的形式美表现

在数学概念中，线的移动形成了面，面是由线排列而成。在服饰艺术中，面是大小、宽窄等空间位置较大的视觉形状，面具有块状性和稳定性。根据面的类型可以分为几何形、自然形、不规则形等，其形成的视觉感受各不相同。几何形的面包括三角形、正方形、多边形、梯形、圆形、椭圆形等，在视觉上具有秩序、理性、明快的感觉；自然形的面主要有植物、花卉、石头等自然物形成的面，具有自然、质朴的美感；不规则形的面没有确切的形状，具有偶然性和随意性，形成新奇、个性的视觉感受。越剧服饰采用平面剪裁，在剪裁中通过直面、斜面、横面分割，形成大小不一、形状不同的面，服饰中的面主要由几何形和自然形构成。服饰中几何形的面主要是服饰结构分割形成的面，包括长方条的领子、梯形的裙子、长方形的衣片等，平整而明快，具有理性、秩序之美。越剧服饰中自然形的面主要是纹样造型形成的面，服饰多采用自然花卉、植物、动物进行纹样设计，从而形成自然趣味的面，具有自然、原始等审美感受。

越剧服饰面有大小和虚实变化，有正负形之分，服饰中面积较大的纹样形成实的面，而服饰中的留白部分形成虚的面。越剧服饰中的面常采用比例与分割、虚与实的形式美法则。越剧服饰中纹样的块面大小、构图排列的疏密等按照相应的比例进行设计。在越剧服饰中，通过服饰的轮廓线把整体服饰块面分割成明显的区域和比例安排。例如，越剧正旦服饰，上衣穿帔，下穿裙子，帔长至膝盖，裙子长至脚踝，从而在服饰上形成上衣长、下衣短的黄金分割比例，使得服饰具有形式美感。

面的虚实关系是越剧服饰中重要的形式美之一，通过对服饰空间虚与实的对比，丰富服饰层次，给人留下无穷的想象空间。越剧服饰中的纹样数量少，且面积不大，多聚集在服饰的衣领、下摆、袖口边缘，生动逼真的纹样形成了服饰中实的面，而服饰中的空白则形成虚的面，服装疏密有序、虚实相间，服饰更具有艺术感染力。例如，越剧老生帔，在帔的衣片、袖子、领口等部位有刺绣祝寿题材纹样，纹样面有大有小，服装主次分明，虚实相间。

第五章 越剧服饰对人物角色的塑造

运用服饰来规范行当人物的身份、地位和性格是戏曲服饰的特点之一。戏曲服饰非常讲究，各类行当都有属于自己的服饰形制，在不断的实践中，逐渐形成了一套约定俗成并为观众熟悉的艺术语言。张琬麟《舞蹈服饰论》中写道："生活服饰总是演艺服饰的基础和源泉，演艺服饰又总是在生活服饰的基础上产生、创造和发展而来。"越剧剧目都有特定的历史情景，为了使角色表演完美地呈现历史情景，服饰会根据角色的历史情景还原当时的服饰风貌。越剧划分角色行当和其他古老剧种有很大区别，京剧、昆曲、汉剧等古老剧种除了按性别、年龄划分行当外，还以人物性格类型、唱做念打特长来划分行当，而越剧行当主要以自然属性、社会属性、表演属性、心理属性、剧情属性等来划分。

第一节 以人物角色的自然属性区分着衣

戏剧角色的自然属性包括年龄、性别、体格等因素。

从年龄因素看，以生行为例，生角演员扮演青年、壮年、中年和老年男子，除根据角色身份穿不同的服装外，其主要区别是胡子。越剧生角扮演青年的官生、书生、穷生，一般不挂胡子，所扮演的多是年青英俊的人物。越剧中挂胡子的正生，所表现的大多是性格庄重、沉稳或雍容、潇洒的人物，如《二堂放子》中的刘彦昌、《李娃传》中的郑北海、《凄凉辽宫月》中的道宗等角色由正生扮演，在剧中一般作为配角登场，其人物性格稳重，动作较为缓慢，服饰风格以沉稳为主。越剧正生为了更加准确地区分角色的年龄，越剧正生饰演中老年角色时，通常根据角色年龄大小，分别挂黑髯、花髯、白髯，壮年为黑色胡子、中年为花胡子、老年为白色胡子。越剧《红楼梦》中的贾政是越剧老生行当的正生的典型人物，以上海越剧院的单仰萍、钱惠丽、董柯娣主演的《红楼梦》为例，头戴员外巾，身着深蓝色对襟团花帔，足穿厚底鞋，帔长及足，黑髯垂胸，服饰整体风格稳重老成。再以《打金枝》中的唐皇为例，身穿皇帔，内衬褶子，头戴九龙冠，足穿厚底鞋，绒绣团龙，色度厚重，纹样图案规范，白髯垂胸。越剧旦行区分年龄，除了根据角色身份穿不同的服饰外，其主要区别是服装款式、色彩。根据年龄大小差异，越剧旦角可分为青年、中年、老年，越剧青年旦角包括闺门旦、花旦、花衫，这些角色多年青貌美，正处于豆蔻年华，多穿越剧衣，下穿越剧裙，色彩青春、靓丽，纹样大多是散点纹样，整体服饰风格性感、活泼、靓丽。越剧正旦扮演的大多是中年女性，主要穿女帔，色彩相对老旦要鲜艳，纹样大多是对称式纹样，整体服饰风格端庄、大气。越剧老旦扮演的是年龄较大的女性，穿女帔或"对儿帔"，色彩以深暗的褐色、枣红色等为主，纹样多是祝寿题材，纹样构图采用对称式，整体服饰风格沉稳、严谨。

从性别因素看，作为男性行当的生行，角色一般都根据不同身份佩戴不同形制的帽子，如官生戴展翅乌纱帽、老生戴东坡巾等，脚穿高底黑靴；而旦角头饰以珠翠、花饰为主，脚配鞋头带有绒球的彩鞋，表现出女子的柔美。

从体格因素看，越剧男性角色中的蟒袍，款式造型宽松，并在衣片上加硬衬，使得蟒衣硬挺，显示出威风凛凛、硬朗的男子气概；而越剧中的闺门旦上身穿短衣，下面配长裙，腰部收腰，腰节线向上提升，以体现少女的纤细以及柔美的女性特征。

第二节　以人物角色的社会属性区分着衣

戏曲角色的社会属性包括身份、地位、等级及民族等，为了能够比较直观地体现人物的社会属性，服饰的款式、色彩、纹样及装饰细节等会有所区别。越剧中大部分曲目是表现封建专制社会的内容，为了区分不同人物角色，其服饰具有鲜明的"别贵贱、明等威"作用。越剧服饰中的图案借鉴传统服饰中的语义，用一套约定俗成，观众耳熟能详的艺术语言，体现人物角色的社会属性。越剧服饰从传统服饰文化吸取素材，用传统服饰中具有符号性的服饰来区分人物的社会属性。例如，在中国传统服饰中，蟒纹和凤纹适合身份等级较高的人，表演帝王将相等高贵身份角色时，会穿蟒袍或有蟒纹、凤纹的服饰，如《打金枝》中唐代宗皇帝、《天之娇女》中唐太宗皇帝都穿蟒袍或有蟒纹的服饰。具有特殊地位和身份的女角色也会穿蟒纹或凤纹服饰，如《打金枝》中的高阳公主穿凤纹。越剧小生是越剧表演中比较重要且有特色的角色，小生种类丰富，可分为书生、穷生、官生三大类型。小生服饰划分主要依据的是戏剧角色的社会属性，反映的是小生的身份、地位及气质特征。越剧中书生的服装是角色在求学时的穿着，依据书生的社会属性，书生的服饰具有书卷气，色彩清新淡雅，体现角色儒雅的一面；越剧中穷生比较贫穷，身份地位低，其服饰朴素淡雅，体现角色落魄贫穷的一面；越剧中官生的服装是角色在功成名就时穿的服装，官生有较高的社会地位，官生的服饰相比书生、穷生服饰更加精致，多穿补子服装、头戴乌纱帽，体现角色威风凛凛的一面。越剧中书生、穷生及官生的服饰特征具体如下。

越剧小生行当中的书生主要饰演古代儒雅潇洒、文质彬彬的读书人一类角色，具有一定文化涵养，举止大气，性格温文尔雅，其服饰风格清新淡雅，唯美考究。书生服饰相较于其他生角服饰的差异具体表现在浅淡素雅的色彩和简洁的纹样上。书生服饰以越剧改良古装衣或形制为右衽斜领褶子为主。服饰面料以绉缎为主；色彩上多用月白、淡粉、浅湖色、天蓝、米黄等中间色；纹样多用梅、兰、竹、菊和牡丹、芍药等花形图案，表现出清秀潇洒的风格，布局上多为角花和边花，呈现出匀称柔和的视觉感受。

《梁山伯与祝英台》里思想开放又木楞痴心的梁山伯是越剧书生中的典型人物。以 1954 年版袁雪芬、范瑞娟主演的越剧《梁山伯与祝英台》为例，在第一场中梁山伯与祝英台路遇戏中，由范瑞娟老师饰演的梁山伯，初登场的造型充分参考了明代男子的斜领大袖衫，湖色褶子，绒绣菊花花边，纹样简洁鲜明，布局均匀，服色十分突出，给人以清秀洒脱之感，衬托出人物文静的性格与气质。而由袁雪芬老师饰演的祝英台虽然是旦角，但是在女扮男装的求学路上，也是书生服饰登场，身着粉绉缎团花褶子，饰以粉色云肩和套色绣花纹样，表现出少女的青春盎然，也暗示出祝英台女扮男装来求学。在出游一幕中，梁山伯穿着花托领花褶，头戴文生巾，梅花回纹边，全身较为素净，与祝英台的服饰相比颜色浅淡、图案简单，透露出梁山伯门第较为贫寒。在最后化蝶戏中，梁山伯身着浅湖色古装蝴蝶衣与祝英台在花丛间翩翩起舞，瑰丽的服饰和绚烂的舞台布景犹如一幅秀美的图画，象征着对这段凄美爱情的美好祝愿。越剧《梁祝》服饰中蝴蝶纹饰和蝴蝶衣的使用因特定社会背景、悲伤的行文基调，使人们感受到的"所指"是爱情的忠贞、对压迫环境的反抗、追求自由的内心感受。戏剧服饰也是为剧情服务的，从戏剧人物服饰的变化上可以看到人物命运的变化，这无形中让故事情节更深入人心。除《梁祝》中的梁山伯外，《梅花魂》中的梅良玉、《碧玉簪》中的王羽林、《沉香扇子》中的徐文秀，其人物服饰综合反映了书生的文质彬彬和温文尔雅，富有书卷气。

越剧穷生，又称鞋坯子生或破巾生，因脚拖鞋皮、头戴破巾、身穿百衲衣而得名，其主要饰演落魄子弟和寒门仕子一类角色。越剧小生行当中的穷生主要饰演家道中落的落魄公子、寒门子弟，多在戏曲剧情中与书生、官生之间转换。相较于书生，穷生更加朴素，服装形制与书生相比多个素褶。色彩多用青色、绿色、湖色、绛色、素色，相较于书生的雅致，穷生更加突出的是落魄。穷生服饰纹样较为简单甚至于没有纹样，多绣以二方连续的梅花、兰花团居多，以寓其品行高洁。《血手印》中的林招得是越剧中有代表性的穷生角色，1962年上海静安越剧团演出的《血手印》，毕春芳老师所饰演的落魄公子哥林招得身穿浅绿色男褶，前襟绣有黑丝二方连续纹样，头戴方巾，绣有菊花（角隅纹样），腰下开衩，浅绿色的服色和朴素的纹样暗示了人物所处的悲惨境遇，而菊花花边以寓其品行高洁。在祭夫一幕中，林招得蒙冤将被斩首，服饰一改之前，身着正红色斜领男褶衣，腰间环绕黑色腰带，头发高竖长条直落而下，表现了林招得蒙冤的愤恨和委屈。除林招得外，还有《杜十娘》中的李甲、《李娃传》中落魄时期的郑元和等。

越剧官生，主要饰演古代官员、显贵一类的角色，头戴乌纱，身着官袍。越剧官生服饰较为华丽，服装形制以蟒袍和红帔为主，内衬褶子，衣长及足，两侧开叉足，穿厚底靴，头戴高冠。色彩多用朱红色、明黄色、宝蓝色等鲜亮的颜色；纹样多用龙、凤、麒麟、仙鹤等鸟兽图案纹样。布局上，一是绣以圆形十团花，严格分布；二是在领部周围、两肩、袖口以及下摆排列花纹。《打金枝》中的郭暖就是越剧官生中极具代表性的人物，以上海越剧院范瑞娟、张桂凤、吕瑞英主演的《打金枝》为例，剧中郭暖初登场时头顶驸马帽，垂头巾，颈间系黄色风巾；身穿粉色圆领男褶，腰系甲靠，前摆流苏飘扬，绣有团花，足穿厚底鞋，将郭暖在大喜前的喜悦与得意展现得淋漓尽致。在越剧传统剧目中，具有代表性的官生人物还有《贩马记》中的赵宠、《胭脂》中的吴南岱、《狸猫换太子》中的皇帝赵祯等。

第三节　以人物角色的表演属性区分着衣

越剧表演具有虚拟性，舞台人物借生活中的某一动作或情感来发挥符号的指意作用，唤起观众相关的情感经验，从而感受到人物动作的含义。越剧文戏、武戏的表演都离不开舞蹈身段，都需要借助服饰完成表演动作，传递情感。例如，越剧悲剧角色，在蒙受冤屈时，会散下发髻，举起并抖动水袖，做半蹲横移步动作，以表达鸣冤的心理语言。服饰形式与表演动作相互依赖、相互作用的关系，形成了戏剧艺术独特的魅力。

一、武戏角色

根据越剧角色的表演属性可分为文戏角色和武戏角色。越剧生角中，书生、穷生、官生表演文戏，梁山伯、贾宝玉、郭暧等都是文生。越剧中武打见长的角色有武生、武旦，武生、武旦表演武打戏，李逵、关羽、吕布、穆桂英、樊梨花等是典型代表。文戏表演主要通过唱腔、念词、舞蹈身姿呈现剧情；武戏表演主要通过翻、滚、斗、踢等武打动作呈现剧情。

越剧武生以武打作为表演专长，越剧以文戏为主，武戏不多，无人专攻此行当，一般由武功较好的小生行当兼演。《双枪陆文龙》中的陆文龙是越剧武生中的典型人物。《双枪陆文龙》中吴凤花饰演的陆文龙头戴蝴蝶盔，插翎子冲天而起，身着圆领甲靠，窄袖护腕，胸口配有护心镜，长袍及足，马面绣花，凸显出一个英武挺拔、俊朗的军中侍郎。除《双枪陆文龙》中的陆文龙，《吕布与貂蝉》中的吕布、《辕门责夫》中的杨宗保等武将、勇者一类由武生扮演。由于越剧的特殊性，相较于其他传统戏剧曲目，越剧武生更多了些英气和柔中带刚的韧性。越剧小生行当中的武生主要饰演有武艺的青年男性角色，服装形制多以靠或武生褶为主。袖口收紧，在靠身前后、胸及肩部等处有金属饰品，上衣下裳相连，似"深衣形制"，又具有袍的庄重大方。面料多用大缎；色彩上武生多用白色靠；主要纹样为鱼鳞形。鳞甲的中部饰以团寿，在甲纹四周饰以双层装饰花纹。

越剧武旦角色是指有武艺的女性角色，在表演中女旦以武功、武戏见长，融合了京剧中刀马旦及武旦的特色，例如，越剧《穆桂英挂帅》的穆桂英《樊梨花》中的薛金莲《十一郎》中的徐凤珠《盗仙草》中的白素贞等。越剧《穆桂英挂帅》中穆桂英穿着的靠，造型别致，具有长宽袍的庄严，似甲非甲，似衣非衣，加上铠甲纹样装饰，运用能够代表女性的大红色，使得服装整体造型不仅威武气概，而且具有女性的英姿飒爽，后背上扎四面三角靠旗，演员做出翻转、踢打动作时，四面靠旗随演员动作而飘扬，使得舞台具有动感，生动地表现了激烈打斗时的动态情景。

由此可见，越剧中武生、武旦角色因为武打表演的需要，其服饰与文戏角色讲究文雅、抒情有很大的区别，因此，在针对越剧服饰设计时，要考虑角色的表演属性，从而设计出适合演员表演的服饰，如武戏角色需要考虑演员武打翻滚动作，在设计时，结合人体工程学知识，设计出方便演员大幅度动作表演的服装。

二、唱工角色

新越剧时期，越剧表演的戏剧情节从命苦、轻松的民间故事，逐渐向以家庭伦理为主的悲剧剧情转变。为了适应越剧剧情的转变，在音乐唱腔上，从明快、跳跃的"四工腔"向"尺调腔""弦下腔"转变，"尺调腔""弦下腔"委婉缠绵、深沉舒展，适合表现柔美哀怨的悲剧剧情，成为越剧的主要唱腔。"尺调腔"是袁雪芬和周宝才合作创造的，"弦下腔"是范瑞娟与周宝才合作创造的，越剧"袁派"和"范派"都以表演悲剧见长。在越剧众多角色类型中，悲旦是最能体现越剧表演艺术的角色类型之一，以唱工柔美哀怨见长，极具抒情性。

越剧悲旦，专饰命运悲惨的青、中年妇女角色，角色命运多坎坷、悲惨，与京剧中的"青衣"角色类似，是以唱工为主及做工为辅的一类表演角色。例如，越剧《秦香莲》里的秦香莲典卖嫁妆帮助丈夫陈世美赴试秋闱，陈世美考取功名后被招为驸马。秦香莲携带儿女上京寻找陈世美，陈世美不仅不相认，还追杀秦香莲，以图灭口。越剧中《二度梅》中的陈杏元《玉堂春》中的苏三、《琵琶记》中的赵五娘、《血手印》中的王千金等角色都是命运悲惨的女性。为了体现越剧悲旦的角色特征，在表演中主要通常柔美哀怨的唱腔体现角色人物的遭遇。越剧悲旦服饰款式设计上，上穿女褶，下穿长裙，衣长及膝盖，采用对襟，胯下两侧开衩，长袖，袖端接水袖，通过水袖的摆动传递角色情感；越剧悲旦服饰色彩设计上，多采用蓝、湖、绿等冷色系色彩和黑、白、灰等无彩色。冷色系色彩具有寒冷、寂寞、消极、冷静的特点，可以烘托出悲旦的悲惨遭遇。无彩色具有沉闷、忧郁及缺乏生气感，可以很好地渲染悲剧剧情；越剧悲旦服饰纹样设计上，身份较高的悲旦角色在服饰上有一些折枝花纹、边缘花纹等，身份低的悲旦角色服饰没有花纹。例如，越剧《血手印》中王千金是越剧中悲旦角色之一，王千金身穿淡蓝色女褶，下穿马面裙，在褶的前襟绣黑色的连续纹样，服饰纹样简单，服饰色彩以淡蓝色、黑色为主，通过简单、朴素的着装暗示角色悲惨的命运。

第四节　以人物角色的心理属性区分着衣

对于戏剧人物角色服饰心理的研究，应建立在人物角色的生活方式、社会习俗、心理情感的表达等各个因素之上。戏剧人物角色的服饰穿戴及穿着服饰后所体现出来的心理反应、心理活动变化的过程仅仅依托普通心理学的研究是不够的，还应该考虑到戏剧人物角色的特殊性。戏剧人物角色处于一个由剧情构建的虚拟社会环境中，戏剧人物角色的服饰穿戴受到剧目中各种情景因素的影响和制约，产生了丰富多变的心理变化和心理活动。

一、越剧服饰的情感传递

从戏剧剧情角度来看，戏剧服饰所呈现的人物角色的心理状态涵盖了社会心理学、艺术心理学、个性心理学等多种心理学研究的范畴。在传统文化的影响下，戏剧服饰能够对人物角色在不同环境、场合中产生的心理变化进行塑造，呈现出服饰与心理状态的关联性。在节日、婚宴、科举及第等喜庆的场合，戏剧角色的心情轻松、喜悦，所穿着的戏剧服饰倾向于色彩亮丽、纹样寓意美好，给观众传达欢快、活泼的感觉；而在较为庄重的场合，如朝堂庭审、重大庆典等，戏剧角色心理上会认同严肃、庄重、认真的态度，所穿着的服装以稳重、严谨为主，多以深色礼服为主，纹样也采用对称式构图；在离别、死亡、落榜等悲情场合，戏剧角色的心情悲伤、痛苦，所穿着的戏剧服饰倾向于素雅、冷静，给观众以悲伤、沉重的感觉。

从戏剧观看者角度出发，戏剧服饰是一种媒介符号，戏剧服饰向观看者传递人物角色的心理变化、心理感受及心理倾向。人们生活在不同的人文环境中，从而具有不同的民族文化习俗及民族文化心理，社会制度、文化思想及经济发展等都无形中引导着人们服饰穿着的变化及服饰穿着的心理。在中国漫长的封建社会中，形成一套严谨的服饰穿戴制度，主导着人们的服饰穿戴心理，表现出具有含蓄委婉的东方特色的语义表达，也反映出中国传统审美观和文化习俗风貌。实用的传统服饰被赋予传情的意义后，就不再是单纯的服饰，它寄托了人们对生命过程阶段的期望，注入了丰富的情感，使普通的服饰变得富有灵性而更加生动。在中国传统纹样寓意分类上，主要有驱邪消灾、健康长寿、功名富贵、子孙满堂四大类。驱邪消灾类常见纹样有虎纹、狮纹、五毒纹、抓鸡娃娃纹等；健康长寿类常见纹样有桃纹、万字纹、佛手纹、猫纹、蝴蝶纹等；功名富贵类常见纹样有四艺雅居纹、螃蟹纹、荷花纹、鱼纹、如意纹、猪纹、喜上眉梢纹等；子孙满堂类常见纹样有石榴纹、南瓜纹、一路连科纹等。在纹样寓意手法上，主要有象征、寓意、谐音。象征是根据纹样素材的形态、色彩及功能方面的特点，表现某种思想含义的手法，如石榴多籽实、南瓜藤蔓绵绵，常象征子孙繁衍；寓意借题材寄寓某种吉祥含义，常与文学典故、宗教及民俗有关，如桃纹，与文学典故中吃仙桃可以延年益寿，故寓意长寿；谐音借用事物名组成同义词表达吉祥意义的手法，如"猫""蝶"谐音"耄""耋"。《礼记·曲礼上》："八十、九十曰耄"，可知耄耋象征长寿。这些深奥难懂的文字，以音似的常见物再现时，取其音似而知其意，既传情又生动。越剧服饰采用了传统文化叙事方式，其主要特征是借物言志、借物言情，采用借喻、会意等手法传达人们喜、怒、哀、乐等心理，反映我国传统社会文化心理。例如，"鱼"与"余"谐音，在越剧服饰上以鱼为题材，可以表达"年年有余""鱼跃龙门"及"富贵有余"之意。蝙蝠的"蝠"为"福"的谐音，在越剧服饰上以蝙蝠为题材，可以表达"洪福齐天""五福临门""福寿万代"之意。"五福临门"纹样是越剧比较经典的纹样之一，所谓"五福"即长寿、富贵、康宁、好德、善终。另外，在越剧服饰中常见的图案还有"喜上眉梢""花开富贵""万事如意"等。

从戏剧创作角度来看，戏剧人物角色服饰的穿着反映了创造者对人物角色的情感及道德价值观念的评价。越剧通过妆容及服饰对人物角色进行美化或丑化，这些美化及丑化的人物角色反映出戏剧创作者的心理倾向，戏剧创作者对戏剧人物角色的心理倾向依托的是社会文化心理及个人情感的喜爱。例如，在越剧中会有一些丑角人物，如媒婆、师爷、太监、贪官及奸商等角色，对这些角色的评价带有戏剧创作者的个人情感，会对角色造型进行丑化。有时戏剧创作者并没有依据历史原型进行角色塑造，而是根据个人的情感喜好对角色进行塑造。例如，越剧中对林黛玉进行了美化，林黛玉是中国四大名著《红楼梦》中的角色，在原著中，林黛玉是一位楚楚动人的才女，但同时体弱多病且脸蛋清瘦，越剧中为了歌颂林黛玉反对封建礼制对爱情的摧残，对林黛玉造型进行美化，故此从越剧中林黛玉造型看，她更像不食人间烟火的仙女，与原著中病弱的形象有一些反差。

二、不同心理状态下人物角色的服饰穿戴

越剧中讲述儿女情长的故事情节较多，无论是越剧的曲调还是服饰，都具有抒情性的特点。越剧的四工腔、弦下腔、尺调腔都以抒情见长，能够较好地传递角色感情。越剧服饰同样具有抒情性，通过服饰烘托角色的心理状态，使得服饰具有艺术感染力。

（一）愉悦心理的服饰穿戴

越剧中为了表达人物角色的愉悦心理，在服饰色彩上采用让人感觉轻松、活泼、兴奋及愉悦的色彩。人类对色彩的感受是多种信息的综合反应，包括由所处的社会环境及个人社会经验积累的各种知识。色彩感受并不限于视觉，还包括听觉、味觉、嗅觉、触觉及痛觉等，这些感觉都会影响色彩的心理反应。人类对于色彩的感知，绝不限于单一光波的视觉刺激本身，必然带有理解色彩的文化及社会心理。我们从第一章的论述可知，越剧服饰的形成受到了民间文化、传统古典文化及现代文化的影响，因此，越剧服饰的色彩既有现代色彩心理的一面，又有受传统文化心理影响的一面，要结合现代色彩理论与传统文化心理去分析越剧服饰的色彩。在越剧中恋爱境遇是指人物角色在剧目中以恋人关系演绎剧情，可以是恋爱萌芽期、恋爱关系确立期、恋爱甜蜜期等，总体呈现出甜蜜、浪漫的情景氛围。越剧舞台艺术为了呈现浪漫舞台氛围，会加强对道具、服饰色彩的调控，一般会采用暖色系的色彩，配合鸟语花香的氛围，以

营造人物角色的恋爱情景。

在中国封建思想的禁锢下，中国人在表达爱慕心理时，通过借用一些具有爱情符号意义的物体传达爱慕心理，如鸳鸯、蝴蝶、花卉等，在越剧服饰中表达爱情的纹样有喜相逢、蝶恋花、龙凤纹等。越剧《梁祝·十八相送》中，为了向观众传递祝英台对梁山伯的爱慕心理，在祝英台服饰设计上使用粉红色，并加饰蝶恋花纹样。蝶恋花是中国传统表现爱情题材的素材，宋代刘永词作《蝶恋花》："伫倚危楼风细细，望极春愁，黯黯生天际。草色烟光残照里，无言谁会凭阑意。拟把疏狂图一醉，对酒当歌，强乐还无味。衣带渐宽终不悔，为伊消得人憔悴。"刘永的词把蝶恋花比喻成男女之间的相思之情，此后文人常用蝶恋化代指爱情，由此蝶恋花在中国传统文化中成为爱情的象征。越剧《西厢记》中，张生的服饰设计具有明显的爱情寓意，在收到相国府的请帖时，张生身穿粉红色的褶衣，衣服绣有以桃花、蝴蝶组合而成的蝶恋花纹样，不仅反映了张生收到请帖时的愉悦心情，同时用蝶恋花纹样象征爱情，暗示张生与崔莺莺的爱情终将美满。

（二）悲伤心理的服饰穿戴

越剧服饰具有暗示功能，在服饰上可以隐含戏剧角色的某些现状和情感，服饰以含蓄、间接的方式发出某种信息，来反映人的喜怒哀乐及心理状态。在越剧服饰中，主要通过服饰的色彩、纹样传递戏剧角色的情感。例如，越剧《血手印》中林招得的服饰设计上，为了体现林招得的内心情感，通过服饰的色彩、纹样进行暗示。林招得被冤枉时，身穿灰色对襟褶衣，领口做成枷锁造型，并用黑色镶边，袖口用黑色装饰一圈枷锁纹，整体服饰色彩为黑色和深灰搭配，色彩灰暗混浊，使人心情沉重，产生忧郁感。纹样用黑色枷锁，暗示林招得将成为阶下囚。服饰通过暗示及色彩渲染把林招得的心理感受传递给观众，从而观众能够更直观地感知角色的心情及未来的命运。

第五节　以人物角色的剧情属性区分着衣

戏剧中人物角色的命运、境遇随着剧情的演进，发生跌宕起伏的变化。在中国传统文化中，不同节日庆典上，穿着的礼仪服饰各不相同，形成了约定成俗的穿衣规则。

一、丧亡剧情

荀子《礼论》中说："生，人之始也；死，人之终也。终始具而孝子之事毕，圣人之道备也。"可见，荀子把人的生死也归为礼的范畴，或者说，在对待人的生死上，应遵循礼仪规范进行表达，而服饰穿戴是礼仪规范的一部分。早在西周时期，就形成了相对规范的丧服礼仪制度，《大宗伯》中记载："大宗伯之职，掌建邦之天神、人鬼、地示之礼，以佐王建保邦国。以吉礼事邦国之鬼神示……以凶礼哀邦国之忧，以丧礼哀死亡，以荒礼哀凶札，以吊礼哀祸灾，以禬礼哀围败，以恤礼哀寇乱……以婚冠之礼，亲成男女。"周代丧礼具有礼仪规范，包括丧礼仪式和丧礼服饰。《司服》："凡凶事，服弁服。凡吊事，弁绖服。凡丧，为天王斩衰，为王后齐衰，王为三公六卿锡衰，为诸侯缌衰，为大夫、士疑衰，其首服皆弁绖。大札、大荒、大灾，素服……大丧，共其复衣服、敛衣服、奠衣服、廞衣服，皆掌其陈序。"弁绖服是周代的丧服，其形制根据身份等级不同加以区别。《弁师》："弁师掌王之五冕，皆玄冕、朱里、延纽，五采缫十有二就，皆五采玉十有二，玉笄，朱纮。诸侯之缫斿九就，瑉玉三采，其余如王之事，缫斿皆就，玉瑱、玉笄。王之皮弁，会五采玉璂，象邸玉笄，王之弁绖，弁而加环绖。诸侯及孤卿大夫之冕，韦弁、皮弁、弁绖，各以其等为之，而掌其禁令。"诸葛凯在《文明的轮回——中国服饰文化的历程》书中写道："关于丧服制度的理论产生于春秋战国，真正开始实行是在两汉。期间，孔子对西周不甚细密的服丧礼加以梳理，形成一套严密的宗法等级丧服系统，被封建社会延用及传承两千余年。"孔子针对西周丧礼进行了更为详细的礼制规范，把丧葬仪式从宗教祭祀中独立出来，成为人世的社会交往之礼，主要是以死者的等级及死者与亲人之间的关系确定丧服制度，被后世沿用。

《礼仪·丧服》中根据与死者的亲疏关系制定五种丧服，分别是斩衰、齐衰、大功、小功及缌麻，这五种丧服形制在明代《御制孝慈录》中有详细的记载。斩衰服饰由斩衰冠、首绖、腰绖、绞带、衣裳、桐杖、管履及苴杖组成，衣裳用粗麻痹布做成，衣长至足踝从而遮住下裳，服装的边缘及下摆不缝合，留有毛边，腰间系有两股相交的粗麻布制成的腰带，脚穿管草做成的鞋履。齐哀由齐哀冠、首经、腰经、绞带、衣裳、削杖、疏履组成，衣裳用粗质生麻布做成，边缘和袖口均缝合，头上扎白布巾，首经和腰经与斩哀相同，脚穿疏草做成的鞋履。斩哀和齐哀都有劈领及负版，以表达丧亲之痛苦。劈领是在上衣前后襟衣正中纵横分别剪四寸（约 13.33 厘米），向外翻折在肩部，再用一块麻布塞入缺口缝成加领；负版用一块长方形麻布上端缝于劈领下，下端垂下不缝。哀是为了表明"孝子有哀摧之志也"，劈领意指"适者有哀戚之情"。大功由大功冠、首经、腰经、绞带、衣裳、麻履组成，服饰形制用熟麻布制成，边缘及袖口均要缝边，脚穿麻做成的鞋履，有"功成尚粗"的意涵。小功由小功冠、首经、腰经、绞带、衣裳、绳履组成，服饰用较细的熟麻布制成，边缘及袖口均要缝边，脚穿由麻绳子制成的鞋履，有"用功精细"的意涵。缌麻由缌麻冠、首经、腰经、绞带、衣裳、绳履组成，其服饰是用最细的熟麻布制成，布质精细，有的还兼夹丝麻。

从明代《御制孝慈录》记载的五种丧服形制，可以看出具有儒家思想礼制观念的丧服具有以下特征：一是丧服是死者亲人向死者表达哀思之情的服饰，为了表达哀思，在裁剪面料上用斩的方式故意让服饰有毛边，从而形成粗糙的外观，服饰的边缘也不包边，做工简单，色彩以素白为主，与中国其他礼仪服饰（吉服）形成明显的反差；二是五种丧服形制完善、详细，从冠、衣、裳、首经、腰经及履都有明确的规定，服饰的用料及尺寸也有详细的记载，反映出丧服作为一种礼仪服饰，是中国封建社会礼仪服饰的重要组成部分。丧服要表现悲伤、哀思之情，丧服均用素麻、素葛制成，素色且不装饰纹样，形成中国素白色的丧服传统。

在越剧丧葬剧情中，对服饰形制没有特殊的要求，只是在色彩上沿用传统素白色丧服制度，在舞台上呈现出肃穆、庄重的氛围。洪瑛、江瑶主演的越剧《琵琶记》，剧中蔡家公婆去世后，作为儿媳的赵五娘身穿白色孝服，衣服边缘用黑白素色刺绣二方连续纹样，整体风格肃穆、庄重，烘托出赵五娘的悲痛心理。

二、婚礼剧情

在众多中国古代礼仪中，婚礼仪式是比较烦琐和隆重的。结婚的婚源于"昏"，古代结婚又叫接昏，指黄昏之意思，《周礼》记载："古娶妻之礼，以昏为期。"古代婚礼一般在黄昏时举行仪式，在绍兴地区仍然沿袭着黄昏之时举行结婚仪式的习俗。

中国各民族婚礼服有一定差异，例如，在昆明晋宁区的彝族女性结婚时要穿"喜鹊衣"，也就是在服饰中加饰喜鹊纹样，服饰以黑色、蓝色为主，喜鹊的羽毛是黑色，服饰用黑色代表喜鹊羽毛。喜鹊在中国的民俗语义中具有喜庆之意，"喜鹊报喜"寓意着新娘、新郎喜气连连，给新人带来幸福。湖北省的土家族女子结婚时戴马鞍形头饰及穿绣花靴。生活在我国浙、闽、赣、粤交接的畲族，以凤为吉祥物，女子结婚时亦有戴凤凰冠、穿凤衣的习俗，畲族的凤凰冠与汉族的凤冠形制有很大的区别，畲族的凤凰冠是用大红、玫瑰红绒线缠绕成凤头形状固定于头上，并与辫发相联结。在全身衣服上绣有花纹，主要是用大红、桃红及黄色线刺绣，并在边缘镶嵌金丝银线，象征着凤凰身体上五彩斑斓的羽毛，同时在全身悬挂着叮当作响的银器，象征着凤凰的鸣叫。

古代汉族女子结婚有头巾遮面、头戴凤冠、身穿霞帔、牵同心结等习俗。结婚时，新娘和新郎的服装都是大红色，并在大红色的服装上绣有龙凤及花鸟图案，整体显得喜庆隆重。龙凤衣及凤冠是中国古代贵族妇女服饰，常在婚服上绣有龙凤图案及冠上加饰凤纹等金银珠宝，以显示吉祥富贵及婚礼的隆重。古代新娘结婚身穿霞帔，霞帔是明代妇女的一种礼服，九品以上的命妇都可以穿着，根据丈夫相应官品等级而穿着不同的霞帔。明清时期允许民间结婚时穿霞帔，霞帔成为汉族女性结婚的礼仪服饰。同心结是婚礼仪式上比较有代表性的服饰品，同心结在汉族传统习俗中用于表达男女情意相契，在我国其他民族中也有这个习俗。

越剧中婚礼情景也体现出浓郁的民族特色，具有中国明代汉族婚礼服特征。越剧从传统婚礼仪式上获取素材，把传统婚礼具有代表性的服饰及仪式进行艺术加工，从而向观众传达婚礼情景。越剧表示婚礼情景的服饰道具有红头巾、凤冠、绣有龙凤图案的大红古装衣及系同心结等。越剧《李娃传》中，在拜堂戏中，舞台整体色彩用"满堂红"，舞台的幕布、灯光、服饰、道具等都用不同明度、纯度的红色，新郎、新娘穿大红色，颜色鲜艳，背景用紫红色，以突出新郎、新娘的色彩，整体氛围喜气洋洋。新娘头戴凤冠、穿凤衣，新郎头戴展角幞头、穿红色蟒袍，两人手持红、绿相间的同心结，真实地

还原了中国传统汉族婚礼场合，如
图 5-1 所示。

三、贫富反差剧情

越剧中的故事情节充满人情世
故，故事情节也跌宕起伏，人物角
色会随着剧情的变化经历人生的大
起大落。越剧剧情通过人生境遇的
贫与富、落魄与发达等富有变化的

图 5-1　越剧《李娃传》剧照

剧情故事，揭示人世间的真谛。越剧擅长把人世间的情与爱通过故事情节的跌
宕起伏，用戏剧夸张的方式来呈现，使得人物形象更加饱满和富有艺术魅力。

越剧人物角色命运的变化，在服饰上体现较为明显。越剧书生在贫困潦
倒时，其服饰多用青色、绿色、湖色、绛色及素色等，这些色彩都是纯度较
低，偏冷色系，在视觉上显得贫穷落魄。穷生服饰少有纹样装饰，纹样主要在
领部，常绣有二方连续的梅花、兰花等纹样，以表现书生的品行高洁。而贫穷
书生高中状元之后，状元服饰与贫穷书生服饰截然不同，越剧状元郎头戴展脚
乌纱帽，身穿大红色袍服，服饰上绣有精美纹样，腰系官带，整体服饰给人生
机盎然、威风凛凛的感觉。越剧《五女拜寿》中，杨尚书在寿礼时，正是杨家
鼎盛时期，所以杨尚书夫妻穿着红色祝寿服，服饰上也有精美的五福捧寿图
案，显得喜庆、富贵，到杨家被严嵩诬陷，抄去官职后，杨尚书夫妇穿着素色
服饰，显得贫穷没落。越剧服饰通过色彩、纹样及配饰等，把人物角色的贫穷
与富贵塑造得栩栩如生，丰富了戏剧的艺术魅力。

由此可见，越剧中塑造贫穷与富贵反差的剧情时，主要运用以下方法。
一是色彩上进行区分，一般而言，高纯度及暖色系的色彩，给人富贵及生机盎
然的视觉感受，而低纯度、饱和度低的冷色系色彩给人贫穷及落寞的视觉感
受，因此，纯度高的红色、黄色等暖色系色彩用来表现人物角色富贵时的情
景，而饱和度低的紫色、蓝色等冷色系色彩用来表现人物角色贫困时的剧情。
二是服饰纹样装饰上进行区分，其区别主要通过纹样面积的多少及纹样主题来
表示。贫困剧情中的服饰只在领部有少许纹样，纹样的主题多以表达人物高尚
品格的纹样为主，如梅花。富贵剧情中的服饰纹样较多，且都在服饰比较明显

的部位，如前片、袖部等，面积较大，纹样主题多以吉祥纹样为主，如"龙凤呈祥""五福捧寿""花开富贵"等，表现吉祥安康及昌隆繁盛的寓意。三是服饰配饰上进行区分，人物角色贫寒时，戴书生巾、裹软巾或无头饰，配饰相对简陋；人物角色富贵时，戴有翅的软帽，这种帽子制作工艺精细，是在乌纱帽的基础上，常用金银线、翠鸟羽毛等昂贵的材料进行装饰，显得高贵、雅致；帝王及高贵人物则戴黄色王帽，王帽是在明代翼善冠基础上加饰簪缨，并用珍贵的翠鸟羽毛进行装饰，显得富贵威严。

四、虚幻剧情

越剧剧目中也有许多虚幻的剧情，如梦境、升仙得道，这些情景在现实生活中并不存在，因此，为了构建虚幻的场景，人物角色需要借助台词、道具、服饰等来共同呈现。在这些具有虚幻色彩的故事情节中，人物角色的服饰往往会出现很大的变化，采用具有符号化的语言来衬托故事的虚幻情节。中国道教文化中有许多关于鬼神、祭祀、神仙、方术及巫术的记载，越剧中的虚幻境遇多带有道教色彩，采用道教理论思想来表达梦境及神仙。例如，在越剧《梁祝》中化蝶的情景，祝英台经过梁山伯墓前，最后化蝶成仙，其情节设计就来源于道教理论，蝴蝶在道教中有破茧成蝶之意，寓意着重生。越剧《梁祝》中化蝶的服饰设计较有特色，服装对蝴蝶造型进行了模拟，在衣服侧边缝接用彩色纱制成的蝴蝶翅膀，为了能够更加逼真地模拟蝴蝶，根据蝴蝶的纹理进行纹样设计。在梁山伯与祝英台双双殉情时，演员并拢，打开衣服左右侧的翅膀，从而形成翩翩起舞的蝴蝶造型，造型夸张而又准确地传达剧情内容，给观众以强烈的视觉感受。

五、寿礼剧情

越剧发源于绍兴嵊州农村，许多经典剧目都有浓郁的生活气息，一些故事情节依托民间习俗或节日展开，反映了普通老百姓日常生活情景及礼仪习俗。

在中国民间礼仪习俗中，寿礼是比较重要的礼仪之一。祝寿时，寿星穿着礼服在寿堂中正面坐着，在隆重、喜庆的氛围中，接受晚辈拜贺。寿星礼服用团花褐色缎面料做成，在服装中织绣寿字纹样或猫、蝶纹样，也有寿星穿着织绣"五福临门""福寿同春"等纹样的礼服，纹样多由团纹构成，象征着长寿、圆满。

越剧《五女拜寿》以五个女儿回家为父母祝寿的故事情节展开，三女婿家境贫寒，在向杨母、杨父贺寿时，遭到杨母、杨父的冷落与怠慢，并把他们赶出杨府，后来杨家没落，三女婿邹应龙高中状元，最终为杨父洗脱罪名。在舞台布景上，为了营造出祝寿氛围，舞台幕布用一个大大"寿"字作为背景。父母身着绣有"五福捧寿"纹样的衣服，色彩用红色，以显示寿星老者的身份。五个女儿和女婿也穿着喜庆的服饰，以表达恭贺之意，演员的服饰主要采用红色及褐色，整个舞台颜色偏暖色。为了凸显三女儿和女婿的贫寒，服饰采用浅紫色，没有纹样进行装饰，而其他女儿、女婿穿浅黄色或红色，服饰也有精致的纹样装饰，让观众从贺寿服饰上区分人物角色身份及当前的不同境遇。越剧中寿星因为是老者身份，扮演的角色为老旦或老生，服饰款式用帔，称为老旦帔、老生帔，又称"对儿帔"，如图5-2所示。越剧老生、老旦帔衣在款式上基本相同，唯一的区别是老生帔长至足踝，老旦帔比老生帔稍短，长至过膝盖。帔是一种对襟长衫，半长大领，领下打结，用于把左右两边系合，左右胯下开衩，袖子为阔袖，在阔袖端口 接白色水袖。越剧中老生、老旦帔纹样有"松鹤延年""五福捧寿""如意福寿"等以长寿为主题的纹样，通过这些纹样传达人物的年龄，福寿纹样多以团纹构成形式，在服装的下摆、臂部及领口下方有福寿团纹，呈左右对称分布，显得稳重、简练，衬托出老者的沉稳与睿智。

图5-2 越剧《五女拜寿》中的"对儿帔"

第六章　越剧服饰保护与传承现状

第一节　越剧服饰保护与传承存在的问题

目前，越剧服饰的保护与传承存在专业设计人员匮乏、设计缺乏文化内涵及服饰同质化现象，因此加强对越剧服饰的系统化研究和设计创新显得尤为重要。

一、专业越剧服饰设计人员匮乏

目前，我国戏剧服装设计院校主要分为以下三大类别。一是以培养戏剧服装设计师为目的院校，培养层次为本科，注重学生的戏剧服饰创意设计方面的能力培养，学生毕业后可以从事舞台服饰、戏剧服饰及表演服饰设计相关工作。上海戏剧学院、中央戏剧学院都开始相关戏剧服饰设计专业，每届毕业生在 100 人左右，为市场培养了一批戏剧服饰设计人才。从这几所戏剧类院校培养的戏剧设计专业学生就业来看，大部分学生就业后从事影视服饰、舞台服饰及时装设计相关工作，而从事戏剧服饰设计工作的学生不多。二是培养戏剧服装设计及服装制板工艺双项技能的工程院校，这类院校有浙江理工大学、北京服装学院、中原工学院、西安工程大学等，侧重服装板型、工艺、缝纫、人机工程学、智能制造等应用型人才的培养。随着我国服装市场的饱和，对服装制板人员需求减少，不少学校对该专业方向招生进行了缩减。服装制板方向的学生毕业后可以进行服饰制板、缝纫、销售及设计相关工作，多数学生毕业后的就业去向为时装公司、服饰外贸公司等，从事戏剧服饰制板的比较少。三是培养服装工艺师的院校办学层次较低，多是中职院校，如绍兴艺术学校开设服装设计班，主要是培养越剧服饰设计人才，着重培养学生的越剧服饰设计、纹样制作等基础工艺技能。学生的文化水平及知识结构比较低，知识结构以应用和手工制作为主，缺乏创新设计思维。绍兴市纺织产业发达，市内许多高校开设了服装与服饰设计专业，其学生学习的内容以时装设计为主，开设的课程主要与现代创意思维相关，传统服饰文化及戏剧服饰相关的课程不多，其学生不能够很好地胜任越剧服饰设计工作。

越剧服饰设计人员匮乏与市场导向有很大的关联性，受现代文化的冲击，传统的戏剧艺术由于表演形式不能够吸引年轻人的关注，传统戏剧爱好者逐渐萎缩，观看者主要以中老年人为主，越剧逐渐成为小众艺术，成为非物质文化遗产保护对象。笔者曾经去绍兴、苏州、镇江等地的戏剧服饰厂参观，从事传统戏剧服饰的设计、制作人员以中老年为主，一些特殊的戏剧服饰手工业制作技艺面临着失传的危机，戏剧服饰制作活态化传承岌岌可危。在戏剧服饰设计上，设计师也面临老龄化的问题，年轻人不愿意从事戏剧服饰设计的相关工作，认为戏剧服饰不时尚、经济收入不可观等。传统戏剧服饰人员匮乏的原因，一方面是戏剧服装厂面临老龄化，传统戏剧服饰工艺缺少年轻的血液；另一方面是相关的学生不想以戏剧服饰设计为就业方向，在这种情况下，国内戏剧服饰设计身处人员匮乏的困境。

二、越剧服饰设计缺乏文化底蕴

传承与创新是当代越剧服饰设计的指导思想，不仅把越剧服饰的文化内涵、审美特征进行传承，而且要在传承的基础上开拓创新，以不断适应时代审美特征。在世界经济一体化的进程中，西方文化对我国传统文化产生了极大的冲击，传统服饰的文化内涵逐渐被西方形式美的服饰取代，如服装追求美观、个性、舒适等。

越剧服饰是戏剧舞台艺术的重要组成部分，其本质是服务越剧表演。越剧服饰不仅有装饰角色的功能，同时有符号语义功能。越剧的符号语义是建立在传统文化基础上，通过服饰的图案、色彩等传递传统文化内涵。在进行越剧服饰设计时，要考虑越剧剧情的时代属性，根据剧情中时代，设计相应的服装，以还原剧情的时代特性。因此，对越剧服饰进行创新时，要结合越剧剧情所属的时代特性进行服饰设计，从而准确地传递剧情语义。在当代一些越剧服饰中，往往可以看到设计师为了获得更好的舞台艺术效果，对越剧服饰进行大胆革新，在服饰创新时，忽略了剧情的时代属性，使越剧服饰不能很好地表达剧情语义，缺乏传统文化内涵。例如，现代越剧服饰设计中，在帝王角色的服饰中，往往会在王帽上再加上冕冠，显得不伦不类，反映出设计师对传统文化知识的缺乏。越剧中的王帽是在翼善冠形制上加饰彩色绒球、龙纹及珍珠等，翼善冠在明代属于帝王常服佩戴的冠饰，是明代帝王专属头冠，明朝灭亡后，翼善冠形制被保留在戏剧服饰中，用来指代帝王身份。冕冠是古代帝王冕服的一部分，是中国等级最高的服饰，用于帝王在重大庆典、礼仪场合中穿着。因此，在中国古代文化中，翼善冠和冕服都是帝王穿戴的服饰，都能够指代帝王身份，翼善冠是帝王常服，冕冠是帝王礼服，是两种不同的服饰类型，不可能在翼善冠上再加戴冕冠。由此可见，越剧古装衣设计时，设计师要对传统服饰有深刻的了解，能够区分不同身份、场合、时间着装的特点及区别，从而在形式和内容上对越剧服饰进行传承与创新。

三、服饰同质化

服饰同质化是指服饰之间没有本质区别，缺乏个性。传统戏剧服饰的同质化是指不同剧种间的服饰没有很大区别。目前，由于传统戏剧表演市场的萎缩，戏剧服饰制作厂需要面对市场萎缩下，厂房经济效益的问题。大部分戏剧服饰厂经济效益不乐观，只能通过缩减规模或制作不同剧种的服饰维持生存。例如，苏州久业戏剧服饰有限公司是地处苏州的一个专门设计、制作戏剧服饰的公司，该公司生产的戏剧服饰有昆曲、越剧、京剧、黄梅戏等剧种服饰，在小生、旦角的服饰设计上，并没有很明显的区分，具有同质性，缺乏个性。

现代越剧服饰与昆曲服饰有许多共同性，在服饰风格上具有类似性，在小生、花旦、闺门旦、老生、老旦等服饰上非常相同。越剧与昆曲服饰都是写意风格，在色彩上都是以清新雅致为主，服装整体呈现出淡雅轻柔的艺术特色。在服饰纹样上，越剧与昆曲都采用了精致细腻的纹样刺绣方法，讲究服饰上的虚实、留白等，与京剧繁而满的刺绣纹样形成反差。在款式上，越剧与昆曲以蟒、帔、褶、靠、衣为主，服饰廓型不夸张，多呈现 H 型、X 型，款式简洁流畅。在面料上，越剧使用绉、纱等轻薄的面料，昆曲业多采用杭纺、绢丝纺、春绸、塔夫绸、绉缎等轻薄而柔软的面料，使得人物角色玲珑轻巧。越剧与昆曲、京剧、绍剧的许多剧目角色也有类似性，越剧在发展过程中，吸收和借鉴了其他剧种的剧本、服饰穿戴、表演形式，如《西厢记》不仅有越剧版本，也有昆曲、婺剧等版本，剧本中人物角色差异也不大，因此，在进行这类剧本表演时，不同剧种之间相同的角色在服装上有相同性，如果服饰设计人员不了解越剧服饰特点，很难与其他剧种服饰进行区分，从而缺乏越剧服饰应有的个性。

第二节 越剧服饰保护与传承的方式

针对越剧服饰保护与传承问题，主要采用建立越剧服饰博物馆、与文创产品结合、数字化保护等方法。

一、建立越剧服饰博物馆

绍兴越剧博物馆于 1990 年建成，并于当年正式对外开放，其博物馆内收藏有丰富且珍贵的越剧服饰的实物、影像和文字资料等藏品，馆藏服饰品对研究越剧服饰发展历史具有重要的意义。越剧博物馆内设有越剧发展史展览区，馆内收藏有越剧文物珍品及丰富史料供人们参观和研究。越剧博物馆收集了 758 幅不同时代越剧名家的生活照、剧照及实物，全面而系统地反映了越剧发展的历史，展示了越剧在形成、发展中所经历的变迁和不断改革创新走向繁荣的历程。但是，服饰作为越剧文化的重要元素在博物馆中并没有得到系统呈现，只能通过图片了解不同时期的概貌。

中国服饰源远流长，素有"衣冠王国"的美誉。在中国服饰漫长的历史发展中，凝聚了中国不同时期对人与服装之间关系的哲学思考，形成了具有中国文化特色的服饰体系。越剧服饰是传统服饰文化的一部分，在越剧服饰中体现了"天人合一"的服饰观念，这些服饰观念随着现代文明的演进、文化语境的变化，其服饰文化内涵逐渐被人淡忘，越来越多的年轻人不能通过越剧服饰了解其传递的角色特征及文化内涵。随着新兴娱乐方式的发展，越剧表演除了在一些剧场和电视台演出外，很少有地方能够看到越剧及越剧服饰，更不用说理解越剧服饰所传达的文化语境。因此，如何将越剧服饰通过合理渠道全面而有效地展现在公众面前，无疑是重要的。建立越剧博物馆是越剧及越剧服饰保护与传承最为合适、重要的媒介与平台之一。在博物馆内，建立越剧服饰主题馆，依据越剧发展历史，以时间为线索，把不同历史时期的越剧服饰进行展示，从而展现出越剧服饰的流变，是对越剧服饰清晰、直观的展现方式。参观者通过对博物馆内陈列越剧服饰的欣赏，以近距离观赏服饰的款式、色彩、纹样、面料及工艺等，从而真正体会越剧服饰的风格特征及艺术魅力。博物馆线下展示方式，不仅对越剧服饰的类型进行展现，而且通过系统梳理与展示，阐释了越剧服饰所承载的社会价值与文化内涵。

二、越剧服饰与文创产品结合

随着时代的发展，当代人对越剧服饰中的符号语言及审美观念已经产生分歧，如何将传统越剧服饰艺术与现代审美观念相结合，对传统越剧服饰进行现代创新设计，以适应时代发展的需要，成为亟待解决的问题。对越剧服饰文化不应仅仅停留在传承阶段，而是要在传承的基础上，融合新时代审美价值，努力将传统美学与现代美学结合，从而实现越剧服饰在新时代的创新。越剧服饰要适合现代社会的发展与创新的要求，在设计上进行推陈出新，才能紧随时代的进步，使得越剧服饰充满生命力和活力。新时代各种文化元素混搭杂糅，越剧的创新发展应遵循善于吸收、与时俱进的原则，与新时代的社会主流文化和时代审美碰撞出新的火花。例如，通过将越剧服饰与旅游产业结合等方式提升越剧服饰的知名度；把传统越剧服饰中的各样元素进行提取，作为中国传统文化的标识符号，与时下流行的动画行业相结合，让传统越剧服饰立足于新兴文化繁盛时代；越剧服饰元素与潮牌结合，是与年轻一代接轨的最佳途径，能助力其在现代各个领域的薪火相传。

将越剧服饰文化与当地旅游景点相结合，开发越剧 IP（知识产权）文化创意产品。越剧 IP 文化创意围绕着越剧服饰、剧本、角色、名家等相关文化符号，提取能够体现越剧艺术美观的服饰元素，并结合绍兴地域文化特色，设计出越剧衍生文创产品，形成具有视觉辨识度及文化内涵的越剧文创 IP。除了把越剧以文创 IP 形式进行现代商业的互动，还可以在旅游景点开设越剧服饰租赁项目，游客在穿着越剧服饰拍照过程中，会对越剧服饰产生兴趣，产生文化认同感。开展越剧服装表演秀，演员和游客在活动中穿着民间服饰，激发游客游览兴趣的同时推广越剧服饰。此外，旅游文化部门可以开展越剧服饰设计大赛，不仅可以发掘热爱越剧服饰、有创意的设计者，还可以促进越剧服饰的多元发展。

把越剧服饰文化与旅游、互联网进行结合，可以更好地宣传与推广越剧服饰。随着"互联网+"的深入发展，借助互联网的平台优势，通过直播销售、打通线上线下店铺等方式开展文化宣传与文创产品营销，越剧服饰文化与旅游景点结合得以有效传播。

三、越剧服饰数字化保护

戏剧服饰设计要考虑剧目、角色、舞台、灯光等多种要求，同时还要结合传统文化的特性，因此，越剧服饰的设计如何在保持越剧风格和体现戏曲形式的规范内进行创新表现，是当代越剧服饰的难点。新时代对于越剧服饰的传播需要以科学技术进步与艺术创新作为支撑，数字化及时尚化是新时代越剧服饰文化传播和创新的重要途径及策略。科学技术为越剧服饰的保护和传播提供了有力的技术支撑。随着全息投影技术、多媒体交互技术、三维虚拟现实技术等现代技术的出现，三维动画、数字还原及全景漫游等数字方式对越剧服饰实现全方位展示，成为越剧服饰的发展方向。服装数字化在传统服饰的收集、处理、管理、传播、服务等领域具有广阔的应用前景。利用数字化技术对传统服饰进行保护是重要举措与途径，国内外已经有不少非遗数字化保护的成功案例，如北京故宫博物院、敦煌莫高窟等数字化保护实践，这些成功案例均为我们提供了建设样本与依据。

目前市场上已经成熟的 CLO 3D 等数字虚拟服务软件，通过面料性能调试，使服装的穿着效果更接近真实面料，结合 Photoshop 软件制作精美的纹样和属性设置，增强图案的立体感，营造出刺绣等工艺的立体感。CLO 3D 不仅全面清晰地展示了越剧服饰的各个细节，而且可以进行动态展示，模拟穿着效果。数字化突破了传统越剧服饰以实物保护为主的固化模式，在形式上创新；越剧服饰可与数字化技术、虚拟技术和扫描技术等进行更深入的结合，加强人机交互，实现跨时空交流传播。

还可以打造虚拟博物馆，通过虚拟现实技术创造出展示越剧服饰穿戴演出需要的场景，最大限度地扩展越剧服饰的展示空间，还能解决传统博物馆占地面积过大这一难题。虚拟博物馆将传统的"以物为主"的参观式展示转变为"以人为主"的参与式展示，把视觉、听觉、触觉等各种感觉融为一体，可极大地丰富越剧服饰的展示内容。虚拟博物馆可建立一个数据库，按配色、衣料、图饰纹样分类，让参观者自行设计越剧服饰，体验穿戴的虚拟感受，使参观者身临其境，人们也在体验中加深对越剧服饰的了解，进而爱上越剧服饰。虚拟现实技术呈现出多层次、立体化的格调，体现出虚拟博物馆人性化的设计优势。

　　越剧服饰作为戏剧服装的一个重要代表，具有鲜明的风格特色，要传承好这一特殊服饰，就要求我们在利用先进技术对其进行保护与传承时，要关注细节，在纹样形制、色彩搭配、材质模拟等方面须谨慎对待；要注意遵循其自身特色，正确运用越剧服饰穿戴场景。

第七章　越剧服饰传承与创新设计方法

第一节　越剧服饰创新设计的步骤与过程

越剧服饰创新设计是以服务越剧表演为目标，按照一定的设计步骤，把设计灵感及理念转换成实物作品的过程。

一、设计目标分析及定位

戏剧服饰要按照戏剧表演的目的进行分析与定位。戏剧服饰设计的目的来自戏剧角色对服饰的具体需求，如越剧小生的服饰设计要与角色的性格、心理及身份地位相吻合，书生、穷生、官生有不同的服饰穿着要求，为小生设计戏剧服饰要满足小生在戏剧中的角色定位。越剧角色的设定是以剧本为依据，要揣摩角色在剧本中的定位，分析角色的自然属性、社会属性、心理属性、表演属性等。

角色的自然属性分析及定位，要对剧本中角色的年龄、性别进行分析，如越剧中旦角有闺门旦、花旦、正旦及老旦，这四类旦角主要是依据年龄进行区分。越剧花旦扮演的是青少年女性角色，年龄较小，活泼天真，如越剧《西厢记》中的红娘、《九斤姑娘》中的张九斤、《玉连环》中的李翠英等；越剧闺门旦扮演的是较成熟的青年女子角色，性格文静，举止大方，如《红楼梦》中的薛宝钗，《西厢记》中的崔莺莺，《西园记》中的王玉贞等；越剧中正旦扮演的是中年妇女角色，年龄较大，多为人母，如《打金枝》中的皇后、《碧玉簪》中的李夫人、《红楼梦》中的贾夫人等角色；越剧中老旦扮演的是老年女性角色，年龄较老，通常是祖母角色，如《红楼梦》中的贾母、《血手印》中的林母等。要对越剧中角色的自然属性有准确的定位，揣摩角色在剧情中年龄的设定，从而为戏剧服饰的色彩、图案设计提供参考依据。

角色的社会属性分析及定位，要对剧本中角色的人物关系、身份、地位及气质进行分析。越剧剧本题材丰富多样，故事情节跌宕起伏，剧中同一个角色会因为剧情的演进，有不同的社会属性。对剧情中角色的社会属性分析及定位时，需要戏剧服饰设计师对剧本进行熟读，对角色在不同阶段所处的社会属性进行划分，借助服饰的语言体现角色社会属性的变迁。在越剧剧本中，为了增加戏剧艺术表演效果，人物角色的身份、地位会发生巨大的变化，如从贫穷到富贵、从富贵到没落，这些大起大落的人生境遇，使得角色身份、地位不断反转，在角色身份、地位巨大的落差中，揭示人性的真、善、美等，从而震撼观众的心灵。对越剧角色社会属性的定位，需要分析角色所处的时代背景、人物命运，对角色的命运变化进行阶段区分，依据不同阶段的身份、地位分类设计戏剧服饰，以符合角色命运变化的需要。

角色的心理属性分析及定位，要对剧本中角色的喜、怒、哀、乐等心理活动进行分析。越剧剧本以文戏见长，剧本中的小生、闺门旦等主要角色含蓄而委婉，角色心理变化细腻。戏剧服饰设计师在进行服饰设计时，需要对角色的心理感受、内心情感等进行综合分析与定位。越剧《红楼梦》中，人物众多，性格各异，故事情节主要围绕着贾宝玉和林黛玉之间的情感而展开，贾宝玉和林黛玉两个角色有许多微妙的情感，而这些情感多是含蓄、细腻的，需要对剧本台词进行深入分析，才能体会角色的情感波澜，如黛玉葬花剧情中，林黛玉内心是绝望、悲凉、无奈、悲哀的，戏剧服饰设计师要根据黛玉悲哀的心理活动进行服饰设计定位，而不是根据黛玉葬花时鸟语花香的景观环境去设计服装。

角色的表演属性分析及定位，要对剧本中角色的表演专长进行分析。戏剧服饰不同于礼仪服饰、时装、运动装、休闲装等服饰种类，戏剧服饰需要满足角色表演需要，具有可舞蹈性的功能。在越剧服饰中，水袖、长裙、侧边开衩的设计都是为了更好地进行舞蹈表演或演员行动。因此，戏剧设计师在设计目标分析及定位阶段，必须了解角色的表演专长，需要武打动作、舞蹈动作的角色要进行单独标注，针对角色表演需要进行功能性的需求分析。

综上所述，在进行越剧服饰设计时，设计师要对角色进行定位分析，厘清角色在剧本中的自然属性、社会属性、心理属性、表演属性、剧情属性等，在对角色进行定位分析后，要综合考虑角色在剧本中的定位，根据剧情的变化，设计相应的戏剧服饰。为了能够准确地对角色进行分析，戏剧服饰设计师必须熟读剧本，对剧本每一个角色的设定及变迁进行区分，不仅要综合考虑角色的自然属性、社会属性及心理属性，同时要考虑可舞性功能，为后期服饰设计提供可靠的设计指南。

二、调研手册制作

在明确戏剧角色设计的目标及定位后，则进入调研阶段。调研主要是收集相关资料图片、剧本文字资料，然后将收集的所有资料进行梳理与汇总，制作成调研手册。戏剧服饰设计调研手册是在对角色目标分析及定位的基础上，对服饰的款式、色彩及材料等进行调研，对服饰的重点或精彩设计细节进行分析，包括服饰局部的款式结构、色彩搭配、刺绣纹样、面料肌理等。设计调研既是为了分析设计的可行性，从而为设计构思及创意做好铺垫，同时也是为戏剧服饰设计工作积累设计素材。

资料收集后要对资料进行筛选，按照一定的逻辑关系做成调研手册。资料的筛选过程中，先是将相同或类似的资料进行归类，然后从中挑选出可激发设计灵感的图片及文字资料，制作成创意构思图。调研手册可以用创意构思图的形式制作，将收集的照片、图片、文字、面料小样等进行提炼，用胶水把这些资料粘贴在一个版面中。创意构思图可以按照设计师的审美喜好进行组合和排列，注意图片大小、疏密等构图布置，不仅体现出设计师的审美品位，表达设计师对角色的独特认知，同时也能进一步激发设计师的设计灵感。

三、设计构思及创意

在完成设计手册的制作后，设计的灵感资料已经比较全面且能够激发设计构思。为了顺利地把灵感转换为设计草图，设计师可以非常感性地进入设计构思状态。设计构思开始可能是非常模糊、杂乱的，随着构思的不断深入及细化，设计思路会逐渐清晰明了，从而对角色装着效果和服装设计要素有了理性的思考。

设计构思及创意阶段，通常是用草稿图的形式将设计图进行快速地记录与表达。草稿图可以是黑白线描稿或彩色涂鸦的形式，方便设计师快速把灵感或设计想法记录下来。草稿图相对随意、潦草，甚至是不完整的，需要设计师一遍遍地将草稿进行细化、完善及修改，最终形成清晰、完整的设计构思草稿图，完成戏剧服饰设计创意的草图。

针对越剧进行服饰设计时，设计构思阶段要考虑服饰的可舞性及可实现性。服饰的款式造型决定戏剧服饰的可舞性功能，在构思时，充分考虑演员在穿着服装后，服饰是否能够配合演员进行舞蹈动作。在确定戏剧服饰款式、色彩后，对服装面料及制作工艺也应有综合的考量，面料的厚薄、软硬、轻重、悬垂性能、光泽、肌理等因素会影响服饰的最终造型，要综合表演、舞美、灯光等选择合适的面料。服装的制作工艺也要考虑是否具有可行性，如纹样制作，同一纹样采用刺绣、印花、染色等不同制作技术，会呈现不同的视觉效果，即使是使用刺绣工艺，也有平针绣、珠绣、绒绣等不同刺绣技法，最后形成的效果也各不相同。因此，设计构思阶段是戏剧服饰设计重要的环节之一，具有承上启下的作用，一方面要承接调研阶段的目标分析、定位及灵感，另一方面后期的设计方案制作、实物制作要根据设计构思来实行。

四、设计方案制作

戏剧服饰设计方案主要包括绘制效果图、绘制款式图、设计说明、面料小样、工艺说明等，是对设计构思进行清晰、准确的表达与完善。

（一）绘制效果图

戏剧效果图是借助绘画工具，对戏剧角色着装服饰后的预想效果进行表现。戏剧效果图主要表现服饰着装在人体上的艺术效果，突出服饰整体的氛围与个性。为了达到预期艺术效果，效果图可以适当进行夸张，对服饰的款式、色彩及面料等进行适当的艺术夸张、变形，从而获得更强烈的艺术效果。目前，效果图绘制手法有手绘、计算机辅助绘制等形式。两种服装效果图的表现步骤基本相同，首先是用线描的方式把服饰的款式、细节进行概括，特别是要注意服装的整体比例、局部与局部的比例、服饰结构的转折、面料的质感体现等，然后使用平涂法、晕染法、肌理制作等进行色彩和面料质感的表现，最终形成能够清晰体现服装款式、色彩、面料、纹样等着装在人体上的预想效果。

（二）绘制款式图

戏剧服饰的款式图是用流畅简洁的线条，以黑白线稿的形式，相对准确地绘制出服装的款式、细节、结构等，以方便制板师打板、制作。戏剧款式图不需要上色、表现面料质感、渲染效果等，以平面展示图的形式绘制服装的背面、正面、侧面，制板师根据服装款式图进行制板，因此，服装款式图要求结构清晰、服装比例准确，并配合文字说明，对服装的主题设计理念、灵感源泉、板型宽松度、标注色号、面辅料要求、工艺要点、制作方法、缝制要求等进行标明。戏剧款式图是制板师制板的依据，是把服装从图纸形式转换成实物的重要环节，绘制款式图时，要尽可能地把设计师的设计理念、设计重点、设计效果等与制板师进行沟通，确保制出的服装板型符合设计师的要求。

五、实物制作

戏剧服装实物制作是制板师、缝纫师根据设计师设计的图纸进行制板及缝制的过程，是戏剧服饰设计最后一步。实物制作需要服装设计师、制板师、缝纫师三者相互沟通和配合，共同使设计的戏剧服饰达到最佳的穿着效果。

（一）制板

服装制板是根据设计师提供的效果图、款式图、工艺说明图等进行制板。越剧服装制板有平面制板、立体制板两种形式。越剧服饰多以流畅、平整的结构线条为主，服饰极少褶皱、省道，因此，多用平面制板进行制图。平面制板是按照服装的尺寸，绘制出服装的纵向和横向的准确长度，包括衣长、袖长、领围、衣宽、裙长、腰围、裙宽等。平面制板符合传统戏剧服饰的剪裁，传统戏剧服饰外形简洁流畅，服装款式相对宽松，平面裁剪能够精准地进行传统戏剧服饰的裁剪。随着西方立体式的裁剪流入戏剧服饰领域，越剧服饰的制板多采用平面和立体结合的形式进行制板，其步骤是先用平面制板把服装的基本造型进行剪裁，能后把剪裁好的衣片放置在立体模特或真人模特上进行局部调整，从而更适合人体穿着，使得服饰具有一定的立体感，服饰会更修身。

（二）缝纫加工

戏剧服饰制板师把裁剪好的服装衣片，交给缝纫师进行缝制。一般来说，越剧服饰上都会有纹样装饰，为了方便在服饰上刺绣纹样，服饰上的刺绣纹样在缝纫之前完成，刺绣工人根据服装设计师提供的设计图纸，按设计要求进行刺绣上色。越剧刺绣有机绣和手绣两种，机绣是把需要绣制的纹样用计算机设置参数、色号、针法等，刺绣机根据计算机设置的参数进行刺绣。虽然机绣可以快速地完成刺绣任务，但是机绣的纹样相对木讷，不够灵活，与越剧服饰柔美雅致的风格不统一，因此，现代越剧服饰设计时，主要角色的服饰还是采用人工刺绣。人工刺绣能够更加灵巧、精致，可以根据角色的特征灵活变化针法，从而产生不同的视觉效果。

第二节　越剧服饰创新设计的方法

现代服装设计理论认为，款式、色彩及纹样是服装设计的三大要素。传统戏剧服饰创新设计可以从服饰的款式、色彩及面料出发。对越剧服饰的创新要与时俱进，将当代时装及舞台服饰的设计方法融入越剧服饰的创新设计中。

一、从传统艺术中借鉴与创新

越剧服饰是中国传统服饰文化的一部分，受到明清时期汉族服饰文化的影响，在服饰的款式、色彩及纹样等方面具有浓郁的中国传统服饰特征。中国传统服饰形制多样，文化内涵丰富，在对现代越剧服饰进行设计创新时，传统汉族服饰元素是越剧服饰设计师重要的灵感源泉。在越剧服饰设计过程中，不仅要对传统服饰的款式、色彩及纹样等进行借鉴，同时要深入挖掘中国传统服饰文化内涵，从而在形式与内涵上创作出具有特色的越剧服饰。

戏剧服饰设计师对传统艺术的吸收借鉴，并不是照样模仿，直接搬抄，也不是传统形式的简单复制。设计师要在吸收的基础上对传统艺术形态进行改变，融合自己的创作思想，用现代生活的理念和时代精神重塑越剧服饰，使其既有中国传统艺术的文化精神和审美趣味，又适合越剧服饰舞台表演的需求。从传统艺术的造型、色彩、图案、构图、意境等方面入手，将传统艺术的精髓融入越剧服饰中。对中国传统艺术形态的借鉴，主要包括对传统艺术中造型、色彩、图案等进行创新运用。

（一）对传统艺术造型进行借鉴创新

越剧服饰是中国传统服饰艺术的重要组成部分，在造型上都属于平面结构，采用直线裁剪，具有平面化结构的特征。越剧服饰与传统艺术形态在文化思想、设计理念等方面具有相通性，因此，把传统艺术造型用到越剧服饰创新中具有可行性。越剧服饰设计时，对传统艺术造型进行借鉴创新可以从以下两方面进行。

一是从借鉴传统艺术造型对越剧服饰外轮廓进行创新。中国传统艺术追求"天人合一"的创作思想，造型呈现出简练、流畅、飘逸等自然和谐的韵味。传统艺术造型所体现出来的自然和谐的韵味，与越剧服饰讲究柔和、雅致的意境之美不谋而合。例如，江南园林是中国传统艺术造型的瑰宝，江南园林叠石理水、造型曲折有度，追求建筑与自然和谐共存的诗意之美。江南园林会用许多独具造型特色的漏窗把自然与建筑相融合，这些具有独特造型的漏窗不仅具有自然之趣味，同时具有丰富的文化内涵。江南园林漏窗造型精巧秀丽，丰富多变，常用石榴、葫芦、花卉、树叶等自然形态轮廓进行造型，漏窗内的图案多用几何形的曲线、直线进行装饰，整体简洁优雅且做工精细，如图 7-1 所示。江南园林漏窗造型很适合越剧服饰艺术的轮廓造型。江南园林的漏窗造型可以用于越剧旦角服饰设计上，如把江南园林漏窗的石榴、葫芦、花卉、树叶等自然形态用在越剧云肩上，使得越剧云肩造型具有丰富的变化，越剧云肩内部结构也可以使用漏窗的构图方法，以获得形式上的突破。由于越剧与江南园林的属于江南文化的一部分，在文化思想、设计理念具有共同性，因此江南园林的建筑造型、装饰细节、造园手法都可以为越剧服饰设计提供灵感源泉，因此，可以以江南园林为突破口，探索把江南区域的其他造型艺术用于越剧服饰设计上，如东阳木雕、剪纸、苏州玉雕、竹编、刺绣等非物质文化遗产，这些非物质文化遗产都具有江南文化基因，在文化内涵及审美特点上都具有一致性，能较好地拓宽越剧服饰的设计思路。

二是从越剧服饰局部造型上对中国传统艺术进行借鉴。在运用传统艺术造型时，服装设计师需要对传统艺术具体的造型进行分析，对其具体细节所传达出的审美特征进行评价，判断其是否与越剧服饰风格相吻合。越剧整体风格的呈现，是依靠服装中的各局部造型相互配合的结果。越剧的局部造型丰富多样，如领子有交领、直领、"如意形"领、圆领、立领、叠领等形式，袖型有长袖、窄袖、阔袖等形式，衣襟有斜襟、对襟等。越剧服饰局部造型设计时，首先要根据各部分的功能、审美、特点将越剧服饰进行拆分，从而可以有针对性地对服饰部件进行创新。例如，越剧服饰的领子，可以借鉴传统艺术文化中领子的造型及内部装饰，对越剧服饰的领型进行创新。东阳木雕是国家级非物质文化保护遗产，是浙江省东阳市的传统工艺美术，不仅题材丰富，而且以平面雕刻出精细的造型，在纹样层次、造型、布局等方面具有较高的艺术审美价值。东阳木雕通过平面的木头雕刻出具有立体感的图案，化平面为立体，不仅具有传统艺术自然和谐的意境美，而且具有立体装饰感，拓阔了传统艺术的表达形式。越剧服饰的领子也是在平面的丝绸上进行刺绣装饰，在装饰题材上也与东阳木雕有许多相似性，两者纹样多以自然植物、动物为主题，以表达具有吉祥寓意的文化内涵，如图7-2所示。因此，在越剧服饰领子内部造型设计上，可以借鉴东阳木雕的纹样题材、纹样布局、肌理及表现技巧，对越剧服饰领子进行肌理、立体感、纹样题材、纹样构图等方面的借鉴和创新。

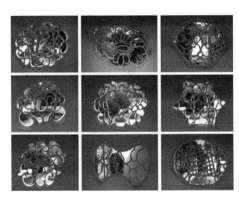 

图 7-1　江南园林漏窗造型　　　　　　图 7-2　东阳木雕图案造型

（二）对传统艺术色彩进行借鉴创新

中国传统艺术中，色彩具有多重语言。传统艺术中，色彩不仅仅是为了美观，更是表达了丰富文化内涵，色彩具有象征意义。色彩在传统艺术中呈现出多样的形态，丰富的配色方式。在中国不同历史时期，由于文化思想的变化，对色彩的审美也会发生改变。例如，唐代艺术中，色彩绚丽多彩，鲜艳、对比强烈的色彩是唐代人对色彩的追求。宋代由于理学的影响，在艺术领域喜好清新、淡雅的色彩。在越剧服装设计时，设计师可以从传统建筑、文学作品、传统工艺美术、绘画艺术、传统服饰等方面对传统艺术色彩进行借鉴。

（1）中国既有宏伟气派的宫廷建筑、又有清新朴素的江南园林，在建筑上体现出丰富多样的色彩搭配方式，这些丰富的经验对越剧服饰色彩创新具有借鉴和启迪作用。中国传统建筑根据建筑功能、自然环境进行色彩搭配，形成了具有南方、北方不同地域的色彩搭配风格。故宫是中国北方传统建筑的代表之一，其色彩搭配体现了北方建筑的特色。北方冬季漫长，冬季的景色色彩以灰白为主，色彩单调，为了使北方冬季色彩不单调，在建筑色彩上采用对比与调和的方式处理，运用大量色相鲜明、对比强烈的色彩进行建筑装饰，如朱红色大门、金黄色的琉璃瓦、蓝绿色间装饰少数红点的屋檐，整体色彩对比强烈，华丽而生动。江南园林是中国南方传统建筑的代表之一，其色彩搭配体现了江南建筑的特色。江南地区青山绿水，四季景色的色彩丰富多样，为了使建筑与四季景色相协调，运用大量的无彩色，如白色的墙、黑色的瓦、栗色的梁柱等，形成秀丽淡雅的色彩风格。德国著名哲学家黑格尔曾说："服装是流动的建筑"，许多服装设计师以建筑为灵感进行服饰创意设计，如意大利服装设计师瓦伦蒂偌（Valentino Garavani）就曾从中国传统建筑色彩中得到灵感，设计出具有中国特色的现代礼服。越剧服饰色彩也可以从中国传统建筑中获得灵感，对传统建筑进行色彩分析，根据越剧特点恰当地进行色彩搭配。

（2）中国传统工艺美术品中瓷器、年画、玉雕、木雕、玻璃画等不仅工艺精良，而且色彩极具特色，具有极高的艺术感染力。中国传统工艺美术中，瓷器是最具中国审美特点的工艺美术品之一，讲究形与色的搭配，色彩丰富和谐，是中国色彩搭配艺术的典范。例如，以蓝色、白色为主的青花瓷，以粉色系、淡色系为主要色彩的粉彩瓷，颜色如玉的越州青瓷。中国瓷器色彩高雅，追求自然的意境美，变化多彩的色釉为中国瓷器增添优雅的色彩，经过不断的积累，形成了青、蓝、红、白、黄、黑、绿、紫八大色系。中国瓷器白色系色彩有象牙白、青白、卵白；青色系色彩有冬青、影青、秘青、翠青、粉青、天青、豆青、虾青等色彩；绿色系色彩有苹果绿、松石绿、瓜皮绿、孔雀绿等色彩；黄色系色彩有柠檬黄、蛋黄、鸡油黄、鳝鱼黄、茶叶末浇黄等色彩；红色系色彩有珊瑚红、豇豆红、胭脂红、钧红、宝石红、郎窑红、霁红等色彩；蓝色系色彩有天蓝、回青、孔雀蓝、宝石蓝、雪花蓝、霁蓝等色彩；紫色系色彩有玫瑰紫、茄皮紫等色彩；黑色系色彩有墨彩、乌金、黑彩等。越剧服饰设计时，可以根据中国瓷器色彩进行色彩搭配，从瓷器色彩中获得设计灵感，拓宽色彩设计思路。越剧服饰色彩借鉴瓷器中的色彩，不仅可以为服饰色彩提供更多的选择性，同时能恰当地传达色彩的意境之美。利用色彩具有传递情感的功能，把中国瓷器色彩与越剧服饰色彩进行关联，如中国瓷器中松石绿、青白、粉青、宝石红、宝石蓝等模仿玉的色泽，色泽晶莹剔透，含蓄文雅，古人把玉所具有的色泽与人的品格关联，以玉表示君子的品格。越剧文生角色设定大部分是文质彬彬的谦谦君子，在为越剧文生设计服饰色彩时，可以借鉴中国瓷器中松石绿、青白、粉青、宝石红、宝石蓝等体现玉色泽的色彩，可以很好地烘托越剧文生的气质。越剧老生、老旦，性格稳重、老练，其服饰的色彩可以选用茄皮紫、茶叶末浇黄、霁蓝、郎窑红、孔雀绿、秘青等沉着、凝重的色彩，以烘托老者的气质。越剧正旦角色设定大部分是端正秀丽、贤惠文雅的女性，可以借鉴中国瓷器色彩中蛋黄、豇豆红、胭脂红、天蓝、玫瑰紫等色彩进行越剧正旦服饰设计，烘托正旦端庄秀美的气质。设计师在设计越剧服饰时，要能够辨别传统色彩所具有的形式美和内涵美，把传统色彩所具有的语义有效地融合到越剧服饰中，从而用色彩更好地塑造角色，传递角色的性格、气质、身份及年龄等，在形式与内容上进行完美融合。

（3）中国绘画题材多样、表现丰富，主要有壁画、山水画、花鸟画、仕女画，采用平面式的构图，通过色彩的虚实、浓淡及色块空间布局表现出诗情画意的审美意境。越剧色彩与宋代绘画色彩具有相同的审美特征，因此，在对越剧服饰色彩进行创新时，可以参考宋代的艺术作品，从宋代的青绿山水画、花鸟画、壁画、仕女画、院体画等图像资料中，提取适合越剧表演的服饰色彩。例如，宋代青绿山水画家王希孟的《千里江山图》，在蓝绿色调中描绘了自然风光，色彩格调高雅，意境悠远。《千里江山图》中主要使用石青、石绿两者矿物质颜料进行设色，通过渲染、皴、勾线等技法，体现绿意葱葱、和美宁静的艺术氛围。在越剧中闺门旦、花衫、花旦主要扮演的是青年女子，服饰色彩清新淡雅，追求意境美，可以把《千里江山图》中的石青、石绿加入适当的白色，降低颜色的艳度，形成粉青、粉绿色彩，运用到其服饰色彩中，并运用画中晕染的色彩形式，在服饰上形成色彩晕染渐变的效果，从而形成清新、柔美且具有意境之美的色彩。宋代的院体画多以山水、花鸟、宫廷生活为题材，其中花鸟工笔画形象真实，色彩格调高雅，在众多院体画家中，崔白、吴元瑜的工笔花鸟画色彩清雅秀丽，色彩格调与越剧服饰相吻合，适用于越剧服饰。由此可见，中国传统绘画风格多样，色彩审美趣味各不相同，在借鉴传统绘画色彩时，设计师要对绘画风格有深入的了解，且要结合越剧服饰的特点，有选择性地把传统绘画色彩运用到越剧服饰设计中。

（4）中国传统服饰中有许多可以借鉴的色彩搭配方式，可以用于越剧服饰设计中。目前，除了通过文献资料了解中国传统服饰色彩的风貌外，还可以通过众多保护完整、色彩清晰可辨的实物资料来了解。这些实物资料多为明清时期的服饰,如北京故宫博物院、南京博物院等收藏许多明清时期宫廷、民间服饰,北京服装学院、江南大学、江西服装学院都收藏了大量不同民族的民间服饰,是研究中国古代服饰色彩的重要实物依据。在越剧服饰设计时,设计师可以对我国传统服饰实物进行收集,建立服饰色彩数据库,然后根据服饰色彩进行梳理与分类,选择出适合越剧服饰风格的色彩并进行借鉴和应用。北京故宫博物院藏有大量明清时期的宫廷服饰,这些服饰不仅做工精美,而且设色考究,具有极高的艺术价值及审美价值。在众多宫廷服饰中,服饰色彩可分为黄色系、红色系、蓝色系、绿色系、紫色系四大色系。黄色系色彩有金黄、杏黄、明黄、鹅黄、米黄、姜黄、驼色等;红色系色彩有大红、粉红、洋红、绛色、桃红、紫红、胭脂红、豆沙红、棕红等;蓝色系色彩有石青、浅蓝、天蓝青、月白、宝蓝、湖色、品蓝等;绿色系色彩有柳绿、葱绿、草绿、湖绿、果绿、茶绿等;紫色系色彩有藕荷、深藕荷、深紫色、雪青等。在越剧服饰设计时,可以对宫廷服饰色彩进行分析,分析其服装整体配色关系及局部配色关系,运用现代色彩设计法则,合理运用到越剧服饰中。

(三)对传统艺术图案进行借鉴创新

在越剧服饰设计中,设计师喜爱从中国传统图案中获得灵感和启迪,将传统图案与越剧服饰进行结合,设计出符合越剧表演的图案,拓宽了越剧服饰的设计思维。例如,著名的越剧服饰设计师蓝玲常从传统图案中寻找设计素材,把传统图案应用到越剧服饰设计中,取得了较好的效果。

在越剧服饰设计中若直接将中国传统图案运用在越剧服饰上会显得格格不入,设计师通常将传统图案进行提炼、打散、重组等方式,对图案进行改良与创新,就能对越剧服饰设计起到较好的烘托作用。对中国传统图案在越剧服饰中的借鉴和运用,要考虑传统图案与越剧服饰风格的关系,遵循越剧服饰的整体风格,恰当地处理图案造型、色彩、题材内容使之与越剧服饰相适应。例如,明代会根据不同节日在服装上刺绣不同的纹样,元宵节穿灯笼纹、端午节穿五毒纹、七夕节穿鹊桥补子纹、祝寿时穿寿字纹、结婚时穿喜字纹等吉祥纹样,题材多样,造型生动有趣,能很好地烘托节日氛围。越剧服饰设计时,可以对中国服饰中的吉祥纹样进行梳理,结合越剧剧情及表演的需要罗列出中国服饰中表达祝寿、结婚、爱情等不同类型的纹样,不仅在形式上符合越剧服饰表演,而且在纹样内涵上与越剧的剧情和时代背景相统一。

在结合中国传统图案设计越剧服饰时，还要注意图案的构成、排列、运用等形式美法则的应用。设计时，可以对传统图案运用重复、对比、渐变等处理法则，根据图案在越剧服饰中的位置、方向、大小、疏密等所体现出来的点、线、面关系，与越剧服饰的款式、结构、面料等进行有机融合，以适应越剧服饰表演的需要。

二、与现代时尚元素相结合

把越剧服饰与现代时尚元素相结合，使设计师满足现代人对戏剧服饰审美的需求，成为戏剧服饰设计师重要的创新路径之一。

流行时尚组织每年都会发表流行色彩、流行细节、流行款式等时尚趋势，戏剧服饰设计师应结合流行趋势对流行元素进行分析和判断，提取出相应的流行主题概念和流行元素，并结合越剧服饰的审美特点，选择适合的流行元素进行创新运用，将越剧服饰与现代时尚元素进行有机的结合。

现代时尚元素与越剧服饰的融合，要注意以下两点。首先，寻找时尚元素与越剧服饰的交叉点，丰富越剧服饰的创新。随着现代科学技术的日新月异，互联网让不同国家的人们交流变得更加快捷、方便，流行元素通过互联网快速地传播至世界各个角落，年轻人足不出户就可以接触和了解时尚信息。为了吸引更多的年轻人观看越剧，越剧服饰要顺应时代的审美观念，把握时尚潮流，才能满足年轻人对越剧服饰的审美需求。其次，要把握好时尚元素与越剧服饰结合的程度，把时尚元素融入越剧服饰中就像一把双刃剑，时尚元素运用过度则会破坏越剧服饰的审美，但是运用太少又不能体现时尚内涵。因此，需要合理地调控越剧服饰与时尚元素之间的关系，掌握两者结合的方法，才能设计出具有时代感的越剧服饰。在越剧服饰设计时，要尊重越剧服饰的表演需求，时尚元素的融入不能破坏越剧服饰对越剧表演艺术氛围的营造。要避免为了时尚而时尚，在时尚化的同时又能够体现越剧服饰的审美特色，从而设计出既符合时代审美特征，又满足越剧表演艺术需求的越剧服饰。例如，越剧服饰的服饰色彩突破了传统戏剧色彩的固定模式，色彩应用相对灵活多变，同时色彩的变化最具直观性。如果在越剧服饰中，选择符合越剧审美风格的流行色彩应用到服装中，既保持了越剧服饰的审美特色，同时又巧妙地把流行色彩应用到越剧服饰中。越剧服饰不仅在色彩上可以融合流行元素，在纹样设计上也可以结合流行元素。越剧纹样以写实花卉题材为主，这类题材多采用写实手法，在形态、色彩、肌理等方面模拟自然花卉，多以刺绣形式装饰在服装中。越剧中书生服饰的纹样主要起到装饰作用，没有符号表意功能，通过纹样和色彩的搭配，可表现书生温文儒雅的书卷气质。因此，针对越剧书生服饰纹样设计可以采用流行的纹样，如植物花卉纹样可以不限定为梅、兰、竹、菊等传统花卉题材，也可以是玫瑰、紫罗兰、郁金香、鸢尾花等西方题材花卉，运用写实的手法进行表现，然后用刺绣的形式装饰在服装中。

在越剧纹样设计时，也可以用流行的表现手法使得纹样更加时尚，如最近几年流行的扎染工艺，把越剧中的写实纹样换成具有写意性的扎染纹样，使得纹样具有时尚感，同时针对写意的扎染纹样可以使用数码印花的方式进行纹样装饰，不一定局限于刺绣形式。

综上所述，时尚元素与越剧服饰设计的融合，是当代越剧服饰设计的重要创新手法之一。越剧服饰可以有效地与时尚元素进行结合，使得越剧服饰具有时代性、时尚性，呈现出以戏剧服饰与时尚潮流相结合为引导方向的个性化、时尚化的设计理念。

第八章　越剧服饰传承与创新设计实践

第一节　越剧服饰的创新设计

从设计艺术学角度来看，款式、色彩、面料及纹样是构成服装的主要元素，因为服装的创新要从这几方面进行。

一、款式的创新设计

越剧服饰款式即服饰的形状或外形轮廓，服饰的造型变化是以人的基本形体为基准，服饰廓型的变化离不开支撑服装的几个关键部位，即肩部、腰部、臀部及下摆。在越剧服饰廓型设计中，服饰结构中的长短、松紧、大小、疏密、正反、错位、反向等是最基本的造型要素。越剧服饰设计款式相对稳定，因此，在服饰款式设计创新时，要在保留已有款式造型的基础上，对其款式进行优化，以便更好地适应表演及人物塑造的需要。

（一）外轮廓的创新

越剧服饰在款式造型上属于平面结构，采用直线裁剪，具有平面化结构造型的特点。平面化结构造型以平面裁片为构成部分，用平面结构来包裹人体，其造型特征表现为衣片平直，无省道，如越剧中小生穿的褶子衣、老旦穿的帔、交领右衽等都是平面裁剪形成的结构。服装的外轮廓是指服装的大致轮廓，是服装整体造型的剪影及视觉整体印象，对越剧服饰外轮廓是改进能使服饰与时俱进，符合当代人的审美需求。现代服装的外轮廓用字母来区分，主要有 A 型、O 型、Y 型、X 型、H 型及 T 型等造型。在服饰外轮廓改进时，肩部、腰部是其设计的重点部位。

1. 肩部创新

肩部是人体躯体与手臂连接的部位，是服装衣袖与衣身的连接点。女性与男性在身体结构上有很大的区别，女性的肩部狭小圆润，男性的肩部宽广方正，女性体型呈上窄下宽的正三角形，男性呈上宽下窄的倒三角形，在视觉上形成明显的反差。服装中的肩部是整体服饰的受力点和支撑点，肩部的宽窄、圆润、高低等变法会对服饰外轮廓造型产生直接的影响。服装依靠肩部的支撑力量及造型，可以产生不同的服装轮廓，如服装肩宽小于下摆宽度形成 A 型轮廓，服装肩宽与下摆宽度相近形成 H 型轮廓，服装肩宽大于下摆宽度形成 T 型轮廓。服装中 A 型、H 型、T 型外轮廓造型，具有不同的视觉感受。A 型服装肩宽窄小，下摆宽大，服装整体呈上窄下宽的喇叭状，是具有女性特征的服装廓型，体现女性柔美、浪漫之美；H 型服装肩宽适当加垫肩，下摆宽度与肩部相近，服装整体呈现出上下宽度相同的造型，既可以体现女性的英姿飒爽，又能体现男性的干练，是男、女都可以穿着的中性服装廓型；T 型服装肩部加宽，下摆收紧，服装整体呈现出上宽下窄的造型，是具有男性特征的服装廓型，体现男性硬朗、雄壮之美。越剧服饰的肩部轮廓造型平滑，曲线自然，紧贴人体肩部。针对越剧艺术表演的特点，对越剧服饰中肩部的创新可以从以下几点进行。

一是对肩部进行加高、加宽设计，对越剧小生帔、褶、蟒、衣、靠等服饰肩部可以使用垫肩、里面加衬工艺技术，使得服饰的肩部适当加高、加宽，以体现男性角色的阳刚气概。越剧服饰肩部与袖子、衣身连接，肩部没有断开，肩部的造型对袖子、衣身的造型有直接影响，其造型直接依靠人体肩部的支撑，呈现出人体体型特征，直接体现演员的肩型。由于现代越剧小生和旦角都是女性扮演，女性相比男性肩部窄小、圆润，肩部斜线角度也比男性大，小生与旦角进行同台演出时，两者肩部都是窄小圆润的造型，观众很难从服装上对两者性别进行区分。女性穿着越剧帔、褶等服饰去表演小生角色时，在形体上有明显不足，缺少男性阳刚气概。因此，为了使越剧中女性扮演的小生角色具有男性气概，对服饰的肩部进行改良可以弥补女性肩部窄小的不足。越剧小生服饰肩部加高、加宽要适度，过分宽大的肩部不适合表现越剧儒雅才子的气质，因此，可适当加高、加宽肩部，使服饰外轮廓造型保持在 H 型范围内。

二是利用仿生设计手法，在肩部加饰装饰物可以丰富肩部的造型。在越剧表演时，肩部动作幅度不大，在肩部可以进行适当的造型设计。越剧中女性角色的服饰肩部造型以圆润、简洁为主，造型缺少变化。对越剧旦角服饰肩部进行仿生设计，采用模仿花卉、植物等自然形态手法，增加肩部造型变化，烘托出角色气质及特征。例如，柔软的纱、绉面料制成细褶和荷叶边，通过对细褶和荷叶边的排列、重叠等模仿梅花、荷花、牡丹、荷叶、竹叶等造型；用薄纱、绉面料做成花瓣片、树叶片，通过花片、叶片的重复排列组成有装饰感的仿生肩部造型。在用仿生法进行越剧女性服饰肩部设计时，要充分考虑越剧服饰简洁、柔美、雅致的特点，肩部装饰造型不能太唐突、夸张，要与服装整体风格保持一致，在统一与变化中，寻求肩部设计的平衡点。

2. 腰部创新

腰部是服装外轮廓造型中的重要部位，在越剧服饰中有束腰和松腰两者类型。越剧服饰中束腰是在腰部位置进行收紧，使得服装整体外观呈 X 型。越剧《红楼梦》中林黛玉、《西厢记》中崔莺莺、《梁祝》中祝英台、《碧玉簪》中春香、《五女拜寿》中翠云等服饰在腰部束腰，整体呈肩部、下摆宽，腰部窄的 X 型。为了体现女性的优美曲线，越剧中闺门旦、花衫的腰节线提高，腰节线提高至胸部以下、肚脐以上的部位，使得裙身加长，体现出女性窈窕之美。越剧服饰中松腰是腰部没有收腰，并有一定的放量，以方便演员戏剧表演。越剧松腰服饰保留了中国传统汉族宽衣博带的服饰特征，腰部放松，从而使人体不易显露。越剧《血手印》中的王桂英、《琵琶记》中的赵五娘、《五女拜寿》中的杨三春等悲旦角色穿松腰的越剧褶；越剧《碧玉簪》中的李夫人、《红楼梦》中的王夫人、《金枝玉叶》中的皇后等正旦角色穿松腰的越剧帔。总体来看，越剧中年轻、靓丽女性的角色多穿戴束腰服饰，而成熟、年长的女性角色多穿戴松腰服饰，束腰的越剧服饰呈 X 型，可以让女性身材比例更加修长，体现女性优美的曲线；松腰的越剧服饰呈 H 型，服饰线条平稳，可以很好地衬托年长女性端庄、成熟的气质。此外，越剧蟒、帔、褶等男性戏剧服饰都采用松腰设计，以体现男性硬朗的气质。

针对越剧服饰中束腰的创新设计，可以通过变化腰节线的位置，带来服饰比例上的明显差别。在我国传统服饰中，汉代女性腰节线低，腰节线常在肚脐以下的胯部区域；魏晋时期的女性服饰整体修长，腰线常在肚脐以上、胸部以下的位置，裙部比例修长；唐代女性的腰线曾提高到胸下甚至腋下位置，配合透而薄的丝绸面料，具有飘逸的东方之美。当代女性崇尚以瘦为美，强调腿部修长的身材比例，许多服饰的腰节线在胸部以上，凸显腿部的修长。越剧服饰的束腰腰节线可以提高至胸部或胸部以上的部位，从而适应当代审美品位。

针对越剧中松腰服饰的创新设计，可以通过改变腰部的放松量，使得整体服饰造型产生新的变化，在郭晓男导演的新版越剧《梁祝》中，在哭坟情节中，梁山伯与祝英台穿着的褶衣在腰部采用了放量处理，祝英台穿粉红色褶衣、梁山伯穿白色褶衣，两者服饰款式纹样及细节设计都相同，其中在腰部给予大量放量，腰部宽松，多余的布在腰间形成自然悬垂褶裥，丰富了服装层次，使服装更具有诗情画意的意境之美，是一次大胆、成功的创新设计。宽松的腰部设计符合中国传统服饰的审美特征，在不影响戏剧表演的情况下，增加了服饰对剧情、角色的烘托作用，使服饰更具有东方的意境之美。

（二）内结构创新

越剧服饰内结构是相对服饰的外轮廓而言的，轮廓是外形，结构是具体的服装塑型方法。越剧服饰用平面的服饰裁剪、拼接、支撑等手段解决材料与人体的依附和空间设置。越剧中服饰内结构的作用主要有审美结构、实用性结构及生产性结构。越剧服饰内结构的实用功能，是指服饰在适合人体的生理、活动状态条件下，附加和扩展服装的可舞性功能以适应戏剧表演所需求的舒适、便于活动等机能性特征。越剧服饰生产性结构主要使用裁剪、缝制、熨烫等加工工艺，实现服装的缝合、固定。越剧服饰审美性结构通过运用形式美的发展，在满足戏剧服饰表演功能上，进行适当的结构装饰。越剧服饰的内结构主要由领部、衣襟、衣袖、裙、肩部、佩等细节组成，服饰细节的精彩、生动的设计，为服装的款式注入风格特征，在融合服装的功能、审美需求的同时，成为服装的点睛之笔。

1. 领子、衣襟创新

服装领子是依附在人体脖子周围，离脸部最近，是戏剧服饰重点设计的细节，起到点睛的作用。在越剧服饰中，领子主要有三种类型，即圆领、直领、交领。越剧衣襟主要有斜襟、直襟两大类型。越剧服饰的衣襟、领子处于服装的中心位置，领子、衣襟的设计是其重点设计部位。

越剧褶和闺门旦的衣襟为右衽、交叉领的斜襟，越剧帔衣襟为直襟。斜襟的创新主要是襟的宽度及长度的变化，通常宽度窄、长度短的衣襟会更贴合人体，在外观上显得更加精致；较宽及较长的衣襟一般用于外衣，相对宽松；衣襟的斜度大，大部分会用刺绣纹样进行装饰。

采用增加法进行衣襟及领子的创新，在越剧服饰衣襟、领子的基础上，增加荷叶边、羽毛等，丰富衣襟、领子的造型变化。例如，在越剧褶的衣襟边缘增加荷叶边，荷叶边与平整的衣襟形成立体与平面的反差，丰富了衣襟的造型，增加了衣襟的明暗层次感；在越剧旦角帔的直襟边缘，增加羽毛装饰物，可以打破衣襟边缘的单一感，使得衣襟由平直变得蓬松而又有立体感，衬托出女性柔美的气质。

越剧衣襟、领子的创新可以用变形法进行创新，改变斜襟、直襟的造型以寻求创新突破。越剧服饰的衣襟大部分为平整、直线设计，在保持衣襟基本形的基础上，对衣襟进行曲折、分割、立体处理等设计变化。例如，对于越剧正旦帔衣襟，把帔的直襟改为波状的弯曲造型，在造型上模仿水波弧线，以突出越剧女性柔情似水的气质。

2. 衣袖创新

越剧服饰的衣袖多具有表演功能，在设计时要在满足表演功能的基础上进行恰当的创新。郭晓男导演的新版越剧《梁祝》中，对越剧褶的袖子进行了夸大处理，结合了中国传统深衣服饰袂的造型，袖摆呈圆弧状，整体袖子造型宽大，袖摆长至脚踝，不仅使得服饰更柔美、富有诗意，而且袖子加宽、加大，更有利于演员表演，传达情感。

3. 裙身创新

越剧裙主要功能是装饰性，体现女性形体的修长、柔美。在进行越剧裙设计时，可以使用仿生设计法及借鉴传统裙子样式来进行。越剧裙穿着对象以年轻女性为主，越剧中的女性角色多是文雅、内敛的形象。

在越剧裙创新时，可以以自然花卉的造型为模仿对象，把裙身分解成大小不一的裙片。例如，可以把裙片模拟成荷花的造型，用轻薄的裙片以荷花组织结构的方式，进行裙片位置、结构排列。当然，对自然造型的模仿，要遵循越剧服饰的整体风格，模仿后的艺术效果要有机地融入越剧服饰审美特征中，不能因为形式的创新而破坏越剧服饰的审美风格。

二、色彩的创新设计

越剧服饰的色彩作为戏剧表演的一种视觉符号系统，不仅传递了戏剧角色的年龄、性格、身份、修养及气质等相关信息，同时还传递了在社会、文化、风俗、传统生活习惯影响下的文化情感及喜好。在越剧服饰设计时，不仅要考虑色彩的统一与变法的搭配原则，同时应结合戏剧服饰面料的肌理质感效果谨慎选择。对越剧服饰色彩的创新可以从色彩的形式美法则及色彩的联想两方面进行创新。

（一）根据色彩的形式美法则进行创新

越剧服饰要具有形式美感，在对越剧服饰配色时，要考虑比例、面积、位置等相关因素。

1. 色彩的面积

越剧服饰设计时，通常会选用两种以上的色彩进行搭配，配色时面积的大小对最终的服饰色彩效果影响很大。越剧服饰中当不同的两种颜色并置在一起时，以1：1的面积配比会产生冲突的效果，如果要使两种色彩达到协调，要削弱色彩之间的对比关系，加大其中一种色彩的面积占比或减少其中一种色彩的面积占比，从而获得协调的色彩搭配效果。例如，红色和绿色是色相中最强烈的对比色彩之一，在越剧服饰设计中，可以将其中一种色彩的面积减少，用于镶边、领部、系带或纹样中的花卉点缀，这样就能削弱两者的色彩对比，达到既变化又和谐的色彩效果。

在进行越剧纹样设计时，可以采用点缀色配色方法。点缀色是面积对比的一种形式，点缀色在服饰纹样设计中能起到画龙点睛的作用。一片绿色的树叶中如果点缀少量鲜艳的红色，那么绿色会变得更有生气。"一烛之光，通体皆灵""万绿丛中一点红"，点缀色的应用能够达到平中求奇的画面突破。点缀色配色要注意色块面积大小的调控，面积太小则容易被周围的色彩同化而不起作用，面积太大则会破坏画面色彩的统一性。点缀色具有活跃、醒目的特点，有经验的戏剧服饰设计师总是十分谨慎地把最鲜明、生动地色彩放置在画面恰当之处，让点缀色成为画面的点睛之笔。

2. 色彩的主从

越剧服饰中，为了获得具有意境美感的舞台效果，设计师需要考虑色彩的主从关系。色彩的主从关系是相对而言的，没有从色也就无主色，主色要依靠从色烘托产生，所谓"五彩彰施，必有主色，它色附之"。各色配合应根据画面内容分主色、从色，以达到色彩的协调。越剧服饰中色彩的主从关系主要从两方面调整：一是色彩位置上，服装主要部件的色彩，即视觉中心部位色块容易构成主色，主色一般使用在服饰的衣片、裙身等重要的主体部位，而领子、袖边缘等用从色，从而形成色彩的主从关系，丰富的色彩变化可增加服饰的艺术感染力；二是色彩面积上，面积较大或被包围的色块容易形成主色，大片深色包围的浅色，大片浅色包围的深色，大片调和色中的对比色都容易形成主色。在越剧服饰设计时，从色要服从主色。人物角色服饰色彩的明暗、灰艳的处理都必须根据主色进行调节，主从协调，相互配合，避免喧宾夺主。

3. 色彩的层次

越剧服饰中有粉色、褐色、绿色、蓝色等色彩，这些色彩不仅在色相上有明显的区分，在色彩明度上也有区别，从而丰富了服饰的层次。色彩的层次主要指色彩的明暗关系，服饰要具有色彩层次感必须遵循色彩的明暗变化规律，区分出不同色彩所具有的深、中、浅的明度属性。越剧服饰采用平面化的色彩装饰，相比西服服饰立体化的色彩装饰，服饰色彩的层次主要依靠配色、纹样来体现。例如，粉红色的服装底色上，装饰明度低的绿色、红色，在明度上与服饰底色区别，从而丰富整体服饰色彩的层次。

越剧服饰色彩也可以吸收和借鉴西方服饰的立体化装饰手法，利用色彩明暗变化，塑造具有立体感的服饰。例如在设计越剧花衫的上衣时，为了使上衣具有立体感，可以在服饰胸部位置做省道，裁剪出上衣前片、侧片、后片，上衣前片和后片可以用明度高的色彩，侧片用明度低的色彩，从而在视觉上形成立体感，丰富服装的明暗层次，增加艺术感染力。

4. 色彩的渐变

色彩的渐变是指一种色彩按照一定比例的递增、递减有规律地转变到另一种色彩的过程。色彩的渐变可以用于表现光感、距离、层次，同时还能营造由淡到浓的意境之美。例如，越剧裙子色彩可以由上而下逐渐地增加、减弱色彩的明度、纯度，可以形成具有飘逸美感的视觉效果。色彩的渐变能产生由强到弱、由明到暗、由艳到灰、由冷到暖的节奏感，柔和而优美，变化而统一，即使是对比之色的冲突，通过有秩序的渐变也能趋于缓和。色彩的渐变类型有明暗渐变、色相渐变、纯度渐变、冷暖渐变等，其中明暗渐变、纯度渐变比较适合越剧服饰色彩的搭配。色彩的明暗渐变包括无彩色黑—灰—白渐变，同一种色明—暗渐变。例如，在越剧小生褶上，用湖蓝由上到下加入不同比例的白色，从而产生由暗至明、由明至暗的湖蓝色渐变效果，色彩柔和而优美，使得色彩层次更丰富，整体服饰更具有诗情画意的美感。色彩的纯度渐变是色彩有规律地从灰到艳的过程，色彩加入灰色的比例越多，颜色纯度越低；色彩加入灰色的比例越少，颜色纯度越高，颜色越鲜艳。具体操作方法是同一种颜色加入不同比例的灰色，以达到色彩由灰到艳的纯度渐变效果。例如，在越剧正旦服饰中，为了体现正旦角色青春貌美、优雅的特征，单纯地使用艳丽的红色会显得艳俗，与越剧柔美、优雅的风格不统一；单纯地使用纯度低的色彩，虽然可以使服装具有柔美的效果，但是颜色容易单调、乏味，不能体现角色青春活力的一面。因此，采用色彩的纯度渐变手法，既可以体现正旦角色的青春活力，又可以使服装色彩柔和、优雅，能够很好地烘托正旦角色的特点。

5. 色彩的呼应

在戏剧服饰设计时，任何色块在布局时都不应该孤立出现，需要同种或同类色块在上下、前后、左右诸多方面彼此呼应。色彩的呼应有局部呼应和全面呼应两种类型。同种色块按大小、疏密、聚散等反复排列时，能产生色彩布局的节奏韵律感，使服饰具有活泼生动的美感。

色彩的局部呼应是同一种色块在服饰的局部反复出现，从而达到色彩协调的效果。例如，越剧中丫鬟性格活泼好动，在服饰设计时常在红色的底色上点缀蓝色、黄色、黄绿色块的散点纹样。如果在红色底上装饰一个细小的点块纹样，这个单独的色块被大面积的红色包围，会给人窒息似的不和谐之感。然而在红色的底上不断增加散点色块，那么这种局面将迅速打破，当增加到一定数量时，单独的散点纹样再也不显得孤立寂寞，好比黑夜中闪闪的星光，充满生气与活力，这就是利用散点纹样在空间距离上呼应的效果。

色彩的全面呼应是使各种色彩混合同一种色素，从而使色彩之间产生内在联系，形成和谐的调色手法。越剧蟒常在下摆处有大面积的立水纹，采用了"晕色法"，配色方法使用了色彩全面呼应。越剧蟒立水纹用水红、银红配大红，各色中都含有红色成分；葵黄广绿配石青，各色中含有青色成分；玉白古月配宝蓝，各色中都含有蓝色成分；密黄秋香配古桐，各色中含有黄色成分。越剧蟒纹样众多，蟒纹、立水纹、云纹色彩各异，为了把不同的色彩进行统一，色彩的全面呼应是一种很好的方法。色彩的全面呼应在越剧服饰色彩设计时，有很强的应用价值和可操作性。

6. 色彩的衬托

越剧服饰色彩的衬托依靠图色与底色、角色与角色、角色与背景的关系。色彩的衬托主要从以下几方面进行。一是明暗衬托，用较大色块的亮色（或暗色）把较小部分的暗色（或亮色）包围起来。例如，浅色的服饰底色上配深色纹样，深色的服饰底色上配浅色纹样；也可以是整体服饰间的衬托，大面积的亮丽的服饰配暗色的服饰。

（二）根据色彩的联想进行创新

1.联想法

联想法是指通过某一事物联想到另外一种事物的认知心理过程，人们通常把形态、结构、色彩等属性相似、相近关系的两种事物进行关联，引发想象的连接和延伸，从而创造出新的形态、结构和色彩。色彩的联想是感性的，人们习惯把感觉上接近的、一致的色彩进行关联，这些感觉是多方面的，包括视觉、嗅觉、触觉、味觉等心理感知。联想法不仅能够挖掘设计师的潜在思维，而且能够拓宽、丰富对戏剧服装款式、色彩、面料的认知，最终突破思维的固定模式，从而取得具有创造性的服装作品。在服饰色彩设计上，利用联想法进行创新设计，可以开拓设计思维，对服饰色彩的创新及表现具有重要的应用价值。

人们对色彩的联想并不是客观存在的，而是人们内心活动的外化感受。一种色彩在人们眼前反复出现并与特定的事物相关联，当人们再看到类似色彩时，马上会产生相应的联想。人类对色彩的视觉心理感受来源于日常生活经验，人们通过对生活中的色彩观察，从而在心里形成了特定联想性的感应，这些感应使色彩具有丰富的情感关联。例如，自然界树木、山脉、夕阳、黑夜等色彩灰暗、深沉，因此，明度低的暗色系色彩让人们联想到成熟、老练、稳重、深邃等，适合体现老者、身份高贵及性格稳重的戏剧角色；自然界的蓝天、树叶、水果等色彩鲜艳、明亮，因此，明度高、纯度高的亮色系色彩让人们联想到青春、阳光、开朗、愉快、健康等，适合体现年轻、活泼、靓丽的戏剧角色；自然界的梅花、桃花、梨花、兰花等柔软、轻薄，因此，明度高、纯度低的粉色系色彩让人联想到美好、轻松、简洁、柔和、梦幻等，适合体现柔美、温柔、体贴、文静的戏剧角色。

越剧中人物角色性格各异，为了能够鲜明地体现角色的性格、身份、年龄等个性特色，色彩是戏剧服饰直接、直观、具有标识功能的语言，在进行越剧服饰色彩设计时，可以使用联想法。例如，对越剧《梁祝》中梁山伯服饰进行色彩设计时，其步骤如下：首先分析梁山伯的性格、身份、气质、年龄等角色特征，《梁祝》中的梁山伯品行端正，性格温文尔雅，具有儒雅的年轻书生形象；其次，对人物角色特征进行分析后，对人物角色进行联想，梁山伯的性格特征让使人联想到兰花或者碧玉，兰花和碧玉都是偏蓝绿色，在绿色中夹杂着白色、黄色等，整体呈现出淡雅的粉绿、粉蓝色，因此可确定梁山伯服饰使用黄绿色、湖蓝色、浅蓝色等；确定好梁山伯服饰的色彩基调后，根据剧情中梁山伯的不同境遇，分别使用不同颜色，在求学时使用黄绿色，在恋爱时使用粉蓝色。

2. 象征法

由于民族文化、风俗习惯、宗教信仰、生活环境等差异，赋予色彩不同文化内涵。中国传统戏剧服饰色彩具有象征性，用色彩象征不同的角色性格、身份、年龄等信息。红色是太阳、火、血液的色彩，使人感觉温暖、热情、兴奋等，象征革命、喜庆、幸福、吉利，在越剧服饰中象征忠义、正派；黄色是阳光色色彩，给人以崇高、灿烂、辉煌、威严、神秘的感觉，象征光明与希望，在越剧服饰中象征智谋、聪慧；金黄色是黄金的色彩，给人高贵、神圣的感觉，象征权力与威严，在越剧服饰中象征帝王；黑色是最深暗的色彩，给人庄重、肃穆、公正的感觉，象征庄严、坚毅，在越剧服饰中象征豪放、刚正。

随着时代的发展，色彩的象征意义会发生相应的变化，在进行越剧服饰色彩设计时，要综合时代特征、民族文化、社会心理审美意识等多种因素进行考虑，用通俗易懂的色彩语言传递角色信息。

三、面料的创新设计

越剧服饰面料主要采用绉纱、绸缎、乔其纱、尼龙纱、珠罗纱等服饰面料，面料类型、肌理、质感等相对单调，不能很好地适应现代越剧表演的需要。为了让越剧服饰面料更丰富、更具有艺术感染力，可以使用拼接、编织、破坏、肌理、立体化等处理方式，对越剧面料进行加工与二次再造。

（一）面料特征分析

自从 1938 年姚水娟对越剧服饰进行改良后，越剧服饰面料主要用双绉、乔其纱等轻薄面料，一直沿用到现代。越剧服饰有以下几个明显的特点。

一是柔软性，面料的柔软性与面料的纱线及织造有关，越剧面料用生丝制成，生丝柔软滑爽，质感柔软，富有弹性，强伸度好，光泽柔和，适合做高档服饰的材料。越剧服饰面料通常经线用两根或三根生丝合并，纬线用三根或四根生丝黏合，纱线细软，经纬线采用二左二右加捻，使得织物质感柔和。越剧服饰选用柔软的面料主要是为了便于越剧演出，便于演员做表演动作。越剧以表演文戏见长，文戏表演的特点是具有抒情性。柔软的面料有贴肤性，在演员站立时，柔软的面料贴合地包裹人体，勾勒出人体的曲线，产生自然人体的柔和感，塑造出温柔、委婉的女性形象。在演员表演时，柔软的面料更容易传递情感，柔软的面料跟随演员的舞蹈动作而缓缓飘动，体现出舒缓、连绵的形态，传递出角色的不同情感。因此，在对越剧面料进行设计时，可以用柔软的面料进行替代，在面料质感上满足越剧服饰表演，从而更好地对越剧面料进行创新。

二是轻薄性，面料的轻薄感与组成面料纱线的重量和厚度有关。要获得轻薄感的面料，首先要选用质量较轻的纱线，越剧服饰中的双绉纱、乔其纱面料，纱线都是选用生丝，丝线用2～3根生丝加捻合并，纱线重量极轻；其次在织物组织上，多采用平纹交织。轻薄面料是夏季常用的面料，夏季服装常用化学纤维织造成轻薄的面料，如富春纺、无光纺、青春纺等面料，不仅在外观上与丝绸面料相似，而且都是轻薄的面料，可以用于越剧服饰设计。

三是反光不明显，越剧艺术特色是清新、雅致，色彩柔和、无反光的面料更能体现越剧的文雅之趣。在改良文戏时期前，越剧服饰常借用京剧服饰，在面料上用斜纹绸、真丝缎等具有光泽感的丝绸面料，后经过姚水娟对越剧舞台的改革，在服饰上采用光泽柔和、反光不明显的双绉纱、乔其纱等，使得面料风格更贴合越剧文戏表演的需要。双绉纱、乔其纱面料之所以有光泽柔和、反光不明显的特征，与其织物的组织结构有关。双绉纱对纱线采用左右不同方向同时加捻的方式，使得纱线由平直变成褶皱，通过褶皱的纱线织成平纹面料，从而在织物表面有隐约的细绉纹状。双绉纱的细绉纹状面料肌理具有吸收光线及发散光线的作用，把织物表面的光线发散、吸收，使得光反射减弱，具有光泽柔和的效果。乔其纱在炼染后，织物纱线产生收缩，绸面会有细致均匀的皱纹和明显的纱孔。由此可见，越剧服饰中的面料要有光泽柔和的效果，其中纱线的光滑度及织物组织的密度是关键要素。在选择双绉纱、乔其纱的替代面料时，可以从光滑度和织物密度方面进行考量，挑选出适合越剧服饰的面料，拓宽设计的空间。

（二）面料创新设计方法

在当代戏剧服饰设计中，采用多元、复合的面料设计手段寻求戏剧服饰的创新设计，成为戏剧服饰设计新的方向与突破口。设计师在进行戏剧服饰设计时，在传统工艺与现代技术之间寻找融合点，使两者进行有效的融合，如把水洗、喷绘、烂花、数码印花、3D技术与传统手工艺的编织、刺绣、滚边等进行结合，或者运用现代装饰材料，将传统面料与现代材料工艺融合运用，从而在服饰面料上形成新颖、美观、独特的视觉效果。

1. 面料减法设计

越剧服饰中的面料减法设计是在丝绸原有的形态上，按设计构思对面料进行减少设计，从而形成虚实相间、错落有序的纹样或肌理造型。例如，在进行越剧褶的花纹设计时，可以借助激光雕刻及模切压印技术，对面料进行减法设计，从而形成花卉纹样。激光雕刻是通过数控方式，在计算机中编程好纹样，然后用激光在面料上对编程好的纹样进行熔化的工艺技术，从而在面料上形成镂空的纹样。模切压印技术同样采用数控技术，通过对激光的精准控制，对面料的厚度和复杂的纹样造型进行切割，从而在面料上产生半镂空的纹样。激光雕刻的切痕利落、干净、流畅，在视觉上与剪纸镂空纹样相同。相较于剪纸工艺，激光雕刻技术制成的纹样边缘线更清晰明朗，在对轻薄的丝绸面料进行切割时同样具有干净、利落的效果。激光雕刻技术用于越剧服饰设计，可以根据服饰的需要对纹样、肌理进行编程排版，自由灵活地放置在服饰的任何一个部位，为设计提供更多的自由空间。同时，激光雕刻技术在面料镂空与切割时，镂空及切割线清晰明朗，具有精致、工整的装饰美感，可以用激光雕刻技术制作的纹样替代刺绣纹样，其审美特色与越剧服饰风格相吻合。

2. 面料加法设计

越剧服饰中的面料加法设计是在面料原有形态的基础上，增加设计元素，使面料形成多层次的透叠效果。在越剧服饰设计时，要充分挖掘越剧服饰面料本身透、薄、轻、皱的特点，可以根据越剧面料的特性使用透叠、拼接等方法，对面料进行加法设计。

面料透叠法是利用面料透薄的特点，把不同色相、不同明度的面料进行上下叠加，从而形成色相混叠、明暗层次变化丰富的视觉效果。面料之间不同色相色彩的叠加，利用了不同色彩混合后，色彩的色相、明度、纯度都会发生变化的特性。例如，在蓝色的面料上增加白色的点，蓝色会与白色混合，在视觉上明度会增加，即由蓝色变成浅蓝色。越剧服饰色彩设计时，可以利用丝绸面料的透薄特色，把不同色相的面料叠加在一起，从而使得色彩更柔和、朦胧、具有诗意。迪奥 2010 年秋冬高级时装定制法布会上，利用面料透叠的手法，表现出具有层次丰富、色彩柔和的审美效果，如图 8-1 所示。面料透叠法除了可以表现具有朦胧感的色彩外，还可以利用面料透叠进行服饰的立体塑造，通过不同明暗度的面料进行透叠，形成面料深浅的变法，以达到立体效果，例如，迪奥 2011 年春夏高级定制系列，如图 8-2 所示，利用面料之间的深浅差异，采用透叠手法，使得服饰具有立体感和层次感。越剧服饰具有意境之美，服饰意境的呈现主要是通过色彩明暗的变化产生，具有明暗渐变感的色彩更具有意境之美。越剧服饰设计可以在面料设计时，采用相同色系、明度不同的面料进行透叠，即可以使得面料具有层次感，同时，通过明暗透叠产生服饰的立体感或意境美，是一种能够比较见效的越剧服饰面料设计的手法。

图 8-1　迪奥 2010 年秋冬 　　　图 8-2　迪奥 2011 年春夏
　　高级时装作品　　　　　　　　　高级定制作品

　　面料拼接法是指把不同类型的细碎面料拼接在一起组成完整的面料设计方法。面料拼接法通常采用同色异质、异色同质、异色异质三种方式。同色异质拼接法是把相同颜色，质感和肌理不同的面料进行拼接，在保持面料色彩的统一性基础上，将面料的肌理进行变化，具有色彩统一和谐，面料肌理丰富的特点。异色同质拼接法是把面料质感和肌理相同，色彩不相同的面料进行拼接，在面料上形成色彩变化，如中国明代的水田衣，运用不同色彩、纹样的同类面料拼接而成，形成具有冰裂纹感的视觉效果。运用异色同质拼接时要注意色彩的统一与调和，在不同的面料色块中，寻求色块之间的关联性与统一性，在变化中求统一。异色异质拼接法是把不同色彩、肌理、质感的面料进行拼接，从而形成面料色彩及肌理的变化。在运用时，要对面料变化的度有总体把控，不能片面地追求视觉刺激而破坏面料整体的美感。

在越剧服饰设计时，可以巧妙地运用拼接法进行面料创新，在运用时要结合越剧服饰审美特点，进行有针对性的运用。例如，越剧旦角服饰风格柔和、雅致，可以使用同色异质拼接法进行面料设计，在保持旦角服饰色彩柔和、统一的基础上，用不同肌理、质感的面料进行拼接，不仅可以体现越剧旦角服饰的审美特色，同时面料肌理的变化可以使得服饰层次丰富，更具艺术感染力和抒情性。

3. 面料立体化设计

越剧服饰面料受传统面料加工技艺及审美风格的影响，面料多以平面形态为主。在现代设计中，为了设计出个性、新颖的服装，会用现代工艺手段改变面料原有的平面形态，从而形成具有立体、浮雕的面料形态，体现面料的立体美感，给人以新颖独特的视觉效果。在越剧服装设计时，为了丰富面料的表现力，可以采用凹凸压印及立体绞缬工艺，使得面料具有立体感。

面料凹凸压印工艺是利用凹凸模具，预先制作纹样的凹凸模型，然后把纹样热压成型，从而在面料上形成具有浮雕感的纹样。凹凸压印工艺对面料有特殊的要求，必须选用能热压印成型的天然纤维，且面料较厚实。用凹凸压印工艺进行越剧服饰面料设计时，可以将领子、袖口、衣服边缘等服装部位换成较厚实的可压印面料，把纹样用热压印的方式压制在面料上，从而形成具有浮雕效果的纹样，丰富服装的立体感及层次感。在对越剧服饰面料进行立体化处理时，要把握立体效果与越剧服饰风格的统一性，立体感面料处理不能过于夸张和生硬，要用相对柔和及浅浮雕的方式进行，从而与越剧服饰柔和、飘逸、雅致的艺术风格相协调。

面料立体绞缬工艺是借鉴传统绞缬工艺技巧，对面料进行扎捆后，通过高温定型的方式将扎捆的部分，以立体方式固定下来，形成绞缬面料立体造型形态。绞缬是古老的传统印花染色工艺，晋代陶潜《搜神后记》中记载："淮南陈氏于田种豆，忽见二美女着紫缬襦、青裙，天雨而衣不湿，其壁先挂一铜镜，镜中视之，乃二鹿也。"反映出我国在晋代已经出现绞缬，并用绞缬工艺染色、制作纹样。唐代时绞缬用于服饰制作更为普遍，民间家用屏风、帐幔、男女服饰常用绞缬工艺制作。唐代文献记载："妇人衣青碧缬，平头小花草履"，体现了唐代女性穿绞缬服饰的历史风貌。之后，绞缬工艺得到进一步发展，并沿用至今。立体绞缬工艺可以对丝绸、棉等轻薄的天然纤维面料进行扎捆上色，在不影响面料的色彩及纹样表现的基础上，使得面料具有立体感。在越剧服装面料设计时，可以用立体绞缬工艺进行面料的上色及纹样设计，从而使得服装面料从平面到立体，丰富服装的表现力。例如，在越剧悲旦服饰设计时，可以用立体绞缬工艺进行面料处理，形成具有立体褶皱感的面料肌理，以表达悲旦命运悲惨的角色特征。

4. 面料综合设计

在现代服装设计中，服装面料常综合多种方法及材质进行创新。面料综合设计是从服装整体角度出发与思考，提升服装的整体质感表现，从而丰富服装整体层次，可以有效提升服装的审美趣味及艺术感染力。目前，越剧表演舞台在灯光、背景、舞台布景、道具等方面与传统戏剧舞台有很大的变化，舞台呈现从传统单一性向立体化、多角度审美转变，对服饰的形制、色彩、面料肌理等提出了更高的要求，因此，为了适应现代舞台布景的需要，在服饰面料设计时，要综合考虑服饰面料的质感、肌理及性能。例如，对越剧小生、正旦帔、褶服饰设计时，可以采用多种面料设计手法，利用减法设计对面料进行镂空、压褶处理，使得面料具有肌理变化；利用加法设计对面料的表面进行肌理再造，用羽毛、珍珠、缝迹线、编织等对服装表面进行再装饰，从而形成多种质感、多种肌理、多种层次相配合的表现方式，以增强服装的艺术表现力。

四、纹样的创新设计

纹样是越剧服饰的重要设计元素，可以从纹样提取、设计及工艺三方面对越剧服饰纹样进行创新设计。

（一）越剧服饰纹样提取

1. 线描写生

越剧服饰有大量的植物纹样，针对植物主要以写实见长，纹样的提取主要采用线描法。线描法是使用毛笔、钢笔及铅笔等工具描绘植物的写实技法。

线条要根据自然物象的结构，表现出主次、轻重、浓淡、粗细、刚柔及虚实的变化，既可用细致的线条表现植物的局部细节，又可用概况的线条表现物象的整体面貌。线描法的特点是简洁、准确及生动。线描写生是收集素材的手段，是纹样设计的基础，是越剧服饰纹样创新的重要环节。通过线描写生可以发现自然存在美的客观规律，用准确、简洁、生动的线条表现自然植物的形体之美。例如，越剧服饰中的"蝶恋花"造型写实、生动，即是通过线描写实的技法，勾勒出花卉、蝴蝶的准确造型，从而为后期纹样设计奠定基础。

2. 概括归纳

在对自然植物进行线描写生后，对自然物象造型及组织结构有了较深入的理解，在此基础上，把线描写生的自然物象进行高度概括，对物象进行筛选、提炼、删减，保留最能够体现物象美的造型。对自然物象的概括，可以从三方面进行，即数量的概括、细部的概括及外部轮廓的概括。数量的概括是指省略自然物象的总体数量，以少胜多。例如，菊花花瓣数量众多，层层包裹，越剧服饰中菊花纹样对菊花花卉进行概括，抓住菊花花瓣的造型特征，适当地减少花瓣数量，以突出菊花的美感。细部的概括是指在造型时省略自然物象细部的结构，突出物象的整体特征。例如，越剧服饰中竹子造型，对竹子秆、叶进行了高度概括，以突出竹子整体的挺拔感。外部轮廓的概括是指省略自然物象参差不齐的外轮廓线，追求简练、整体的特点。例如，越剧服饰在进行山茶花、牡丹、月季纹样设计时，对自然花卉的边缘轮廓进行圆润、流畅、光滑的概括，使得花卉造型更具美感。

3. 纹样的拆分与再组

纹样的拆分是指对写生自然物象进行拆散，分化出组成花卉的基本元素，以便对花卉进行重新组合与排列。例如，越剧服饰中竹子纹样，通过对竹子进行写生，在进行纹样设计时，既可以用竹叶组成二方连续纹样，也可以用竹竿及竹叶组成折枝纹样；越剧服饰中梅花纹样，通过对写生梅花进行拆分，用梅花花朵组成二方连续领边及裙边纹样，花卉组合形态更加自由，形式更多样。在越剧服饰组合纹样中，对组合纹样进行拆分，不仅可以对组合纹样的文化寓意进行深层次理解，而且可对拆分出的组合纹样的单个元素进行替代创新。越剧服饰中的纹样相对程式化，如小生褶用"蝶恋花"，老生、老旦帔用祝寿纹，蟒袍用蟒纹等，形成了相对固定的纹样组合模式。这些固定的组合纹样不仅对造型、构图有相应的规定，而且对纹样传递的文化内涵有特殊的要求，因此，对越剧服饰中固定的纹样组合需要进行拆分，以便对纹样进行重组与创新。越剧纹样的拆分主要有纹样组合形态拆分和纹样寓意拆分，从而深层次地理解越剧服饰纹样的功能及价值。

纹样组合形态拆分是把越剧中的组合纹样进行拆分，对其拆分后的单独元素进行重新排列、构图、组合等，从而形成新的组合纹样。例如，"蝶恋花"纹样，纹样由花卉、蝴蝶两种题材组合而成，花卉纹样由四季花卉梅花、兰花、菊花、茶花等单枝或多枝构成，采用单独纹样构图形式。因此，越剧服饰中"蝶恋花"纹样拆分后，可以用玫瑰、郁金香、荷花等花卉纹样与蝴蝶纹进行组合，丰富"蝶恋花"纹样的组合类型。

纹样寓意拆分是对纹样所传递的文化寓意进行分析、拆解，然后用其他类似元素进行替代。例如，越剧服饰中的祝寿纹样常采用圆形团纹构图，纹样核心元素是寿字纹样，通常与云纹、蝙蝠、四季花卉纹进行搭配组合，因此，对越剧服饰中祝寿纹样进行拆分后，祝寿纹的寿字、云纹、蝙蝠等纹样元素可以用鹤纹、松树、灵芝等纹样进行替代，同样具有福寿延年的寓意。

（二）越剧服饰纹样设计

1. 纹样添加

纹样添加是在一个图形的基础上加入其他新的图形或元素，使添加后的纹样造型更理想化、更具有文化内涵。纹样添加可以是图形与图形之间的相加，也可以是图形整体与局部的相加。纹样添加要注意添加内容与自然物象之间的关联性，纹样添加源于中国传统吉祥纹样的求全形式，其做法是把生长形态的可见部分及不可见部分同时呈现出来，是人们追求美好理想而采用的装饰手法。例如，一组纹样中花中有果、果中有花、叶中有花，纹样造型丰满，象征着花繁叶茂、硕果累累，寓意吉祥。纹样添加可分为寓意性添加、联想性添加、肌理纹添加。

寓意性添加是指在纹样中，通过添加一些寓意性内容，以达到寓意的完整性和多样性。例如，在越剧服饰设计时，荷花中加入鸳鸯，寓意爱情甜蜜；龙纹中加入火珠，寓意祈求吉祥；在鹤纹中加入松树，寓意福寿延年。寓意性添加主要把两种文化内涵的符号同时呈现，使得纹样寓意更加完整、丰富，体现人们对生活求全、求福、求多的美好愿望。

联想性添加是指根据设计师的想象添加一些与物象有关的内容，以完善画面构图的完整性。越剧服饰中的植物纹样常以花卉、景观植物等为题材，如果单一画出植物的叶、花及果，画面会有大面积空白，为了使画面构图丰富、完整，通常把植物的花、叶、果全部呈现在同一纹样中，以形成画面中的点、线、面，有利于纹样构图的完整性和形式美感的表现。例如，越剧中团纹荷花、菊花，将荷花、菊花的叶、枝、花、果等绘制在一起，使纹样构图疏密有秩，丰富而又完整。

肌理纹添加即在自然物象的外轮廓内添加物象本身的肌理纹，或添加其他装饰性的肌理纹、几何纹，使得纹样更加生动、丰富，具有装饰性。越剧服饰纹样的肌理纹，主要是通过刺绣进行体现。越剧服饰会采用不同的刺绣技法对自然物象的肌理纹进行描摹，从而使得纹样真实生动。例如，梅花采用平针绣，依据梅花以花蕊为中心进行四周发散的物象特征，使用斜针进行刺绣，用短、细的丝线以花蕊为中心，进行四面斜向排列，在视觉上呈现梅花本身的肌理纹效果。

2. 纹样的分解组合

纹样的分解组合是将单位完整的纹样根据服饰设计的需要进行打散和分解后，再利用重复、透叠、渐变、错位、缩放等手法进行重新组织与排列。纹样分解打破原有形态的束缚，运用现代设计原理让形态在组合时得到互补和借用，使得原有的纹样与空间关系发生根本变化。纹样分解的目的是更好地重组，得到新的纹样形态。纹样的分解组合不仅是对原有纹样形态进行了突破，而且是对原有纹样的造型结构、空间关系、比例关系的重新认识和创造，拓宽了纹样设计的思路。

纹样的分解组合可以运用重复、透叠、渐变、错位等手法，进行纹样的重新组合，以获得新的纹样造型。重复是指相同或近似的形象有规律、有秩序地反复出现的一种设计方法。在对自然形态进行分解后，提炼出具能体现自然形态特征的元素进行重复，通过有规律、有秩序的重复，使得纹样产生形式美感；透叠是指将形象重叠的部分有意识地表现出来的一种设计方法，可以丰富画面的层次及变化；渐变是指相同或近似的图形按照一定比例大小，有规律、循序渐进地变动，使之产生节奏感和韵律感的设计方法，可以使画面产生一定的节奏感和深度感；错位是指将同一图形在组合过程中，进行排列、错位的设计方法，可以增加画面的趣味性。

（三）越剧服饰纹样工艺

1. 数码印花技术

数码印花是当代服饰创新的重要方法之一，是通过计算机把纹样经分色软件编辑处理后，由计算机直接控制将染料喷射至被印的服装面料上，从而完成服装纹样的印染工作。数码印花与传统印花不同，无须制板，具有个性化、速度快、减少污染及可小批量加工的优势。在越剧服装设计时，运用数码印花技术可以使得纹样位置摆放变得更加灵活。越剧服装纹样主要集中在衣领、袖口、下摆等部位，传统越剧服装纹样制作是用刺绣对纹样进行精准定位，数码印花技术可以使纹样以喷绘的形式进行纹样印染。数码印花除了在纹样定位上有较强的灵活性外，在纹样色彩、构图等方面也体现出灵活性，可以方便地设计出具有个性化效果的纹样。

2. 数字化扎染技术

扎染是用线将织物折叠捆扎或缝扎包绑，然后进行染色。扎染由于织物在捆扎时所承受压力的轻重、松紧不同，在染色的过程中，染液浸透织物的程度也不相同，从而在织物上形成深浅虚实、变化多端的色晕效果。传统扎染工艺复杂，色彩较单一，因此，用扎染设计服装有许多技术上的限制。随着数字技术的成熟，可以将扎染工艺的色晕效果处理成数字图像，然后通过数字印花的形式形成具有色晕效果的纹样肌理。数字化色晕效果不仅可以灵活做成各种色晕效果，而且能够用多种色彩进行色晕变化。在越剧服饰纹样设计时，可以采用数字化扎染技术，把纹样处理成色晕肌理效果，增加纹样的艺术感染力。色晕肌理的纹样具有深浅虚实的变化，能够很好地表现出诗情画意的效果，从而与越剧服饰风格相统一。

3. 3D 打印技术

3D 打印是一种快速成型的技术，以数字模型文件为基础，运用粉末状金属或塑料等可黏合材料，通过逐层打印的方式来构造物体的技术。在服装设计中运用 3D 打印技术，可以快速地打印出珠宝、鞋子、纹样等小型服饰配件，形成具有立体感的服饰。越剧服饰纹样设计时，可以利用 3D 打印技术制作纹样，使得纹样更加逼真、生动而具有立体感。此外，可以利用 3D 打印技术制作越剧靠的甲片，采用树脂材料进行打印，材料具有质感轻，同时能较好地模拟甲片的厚重感，比较适合戏剧服饰表演的需要。

第二节 越剧服饰的创新设计实践

一、蟒的创新设计

（一）蟒的构成元素分析

越剧蟒纹为圆领，在领圈周围绣有二方连续式构图蟒纹，衣片有面积较大的团蟒纹；服装款式为圆领、长袍、带水袖、侧面开衩；色彩有黄色、红色等；纹样以蟒纹为主，配以立水纹及云纹；纹样的构图采用左右对称式，在前片刺绣蟒纹，下摆处绣立水纹及云纹。

越剧蟒的功能是用蟒纹标识角色高贵的身份，其设计的视觉中心在衣片、袖子的蟒纹，蟒纹以"十字"型构架分布在衣片、袖子左右两边，在视觉上显得严谨、庄重，能够较好地衬托角色的身份、气质。越剧蟒的创新设计可以参考及借鉴明代丝织品龙纹样式，明代丝织品中的龙纹是明代服饰纹样的典范，其造型敦厚威严、色彩富丽庄重、工艺具体精致，既有严谨有序的布局特征，又有丰富的寓意，形神兼备，在形式与内容上达到高度统一，具有极高的审美价值及丰富的文化内涵。在越剧蟒纹纹样排列、色彩、造型等方面对明代龙纹进行借鉴，从而丰富蟒的变化。

（二）蟒的创新设计方案

越剧蟒主要设计创新点是蟒纹，可以从明代丝织品龙纹中提取龙纹元素，运用现代设计方法对明代龙纹进行创新，从而设计出符合越剧蟒的服饰图案。

龙纹受到明代政治、文化、经济的影响，在图案构思上寓吉于形，主要体现在以下三方面：一是在局部造型上，明代龙纹的鼻子和脸颊呈如意状，且无论龙头正、侧、俯、仰视，鼻端的如意仍保持完整形态，以增添吉祥意韵；二是在组合造型上，出现了"团窠式""喜相逢""柿蒂形"等具有吉祥意涵的构图及组合形式；三是在纹样搭配上，明代龙纹周边常以云气纹、"卍"字、寿字及时令节庆纹样等搭配的形式出现，以满足统治者的思想情感。为了营造吉祥氛围，明代龙纹龙爪常抓举"卍"字、灵芝、祥云、龙珠、山石纹样，以衬托节日氛围，表达美好意愿。在对龙纹图案设计元素的提取上不仅要挖掘龙纹造型的审美特征，更应注重求吉求全的文化内涵的延伸。本文选取的定陵织金十二团龙妆花绸织成袍料中的龙纹素材，通过矢量图形软件，对龙纹进行勾线描边，从而提取出明代龙纹矢量图线描稿，为龙纹图案的设计提供高像素的素材，在此基础上，对明代龙纹造型及布局方式进行了综合设计。

从明代宫廷丝织品中提取了龙纹及"卍"字纹，"卍"字纹与"万"同音，具有无穷尽的寓意。在明代宫廷服饰纹样中，"卍"字纹样通常与山石纹、寿字纹、太极纹进行搭配，表达"江山稳固""健康长寿"等吉祥寓意。《龙韵》在构图上巧妙利用"卍"字进行由中心向外发散的构图方式，把"卍字"安排在图案的中心点，进行四周扩散，龙纹根据"卍"字形状进行排列，在形式与内容上表达无穷尽的寓意。为了更加适合在现代服饰中应用，对"卍"字纹样进行扭曲变形，使用 Photoshop 中滤镜—扭曲—波浪变形工具，使"卍"字

规整的造型变形为波浪形状，从而在形态上更接近龙纹造型，与龙纹进行呼应，加强"卍"字纹与龙纹的联系，使纹样主题更加整体统一。色彩上以黑色为底色，搭配黄色和蓝色，黑色与黄色搭配也是明代宫廷龙纹常见的色彩搭配方式，呈现出富贵大气的宫廷气派。图 8-3 所示为明代定陵龙纹，图 8-4 所示为明代定陵龙纹提取，图 8-5 所示为《龙韵》龙纹设计创意。

图 8-3　明代定陵龙纹

图 8-4　明代定陵龙纹提取

图 8-5　《龙韵》龙纹设计创意

二、帔的创新设计

（一）帔的构成元素分析

越剧中的帔为直领对襟，两襟离异不缝合，襟下有系带，袖子宽窄不一，带水袖；男帔的衣长及脚踝，女帔的衣长过膝盖；男、女帔胯下两侧开衩；男、女帔都绘绣吉祥纹样，整体款式简单。越剧中帔与宋代褙子款式相似，从款式造型来看，这种戏服整体造型呈 H 型，简单流畅的廓型把表演者裹成圆筒，显得含蓄、内敛，呈现出简约、含蓄优雅的审美特征。越剧帔上的纹样根据人物等级身份及剧情场合确定，老生、老旦帔通常刺绣蝙蝠、寿字团花纹样，以体现长辈身份及祝寿场景；小生、花旦帔通常刺绣梅花、蝴蝶、荷花等纹样，以体现少男、少女青春亮丽的形象及爱情相关的故事情节。越剧帔的款式变化主要在领子部位，领子样式有"如意"形领、直领、翻领等。值得注意的是，越剧正旦和花旦所穿的帔，通常会加云肩，云肩一端与领子相连覆盖在肩部，另一端一般会有珠子串连的流苏。

越剧帔服饰的功能是突出角色的社会属性及表演属性，越剧帔视觉中心点主要在领部、袖子、前片及服饰边缘等部位。纹样及色彩是越剧帔区分角色的主要手段。在对越剧帔进行设计时，要运用面料、色彩、纹样等形式区分角色的社会属性功能和表演功能，因此，可以针对越剧帔的纹样、色彩、面料进行设计，以达到创新的目的。

（二）帔的创新设计方案

越剧中有许多老生、老旦角色的戏份，越剧老生、老旦角色多是配角，虽然没有小生、闺门旦、正旦角色等主要角色重要，但是在剧情中出现的频率高，对剧情的发展变化有着重要的作用。本文根据越剧《五女拜寿》中杨父、杨母角色进行老旦、老生服饰设计。

根据越剧《五女拜寿》故事剧情进行剧本人物角色分析，主要从人物的自然属性、社会属性、心理属性、表演属性、剧情属性五方面进行角色分析。

（1）社会属性分析。故事背景设定在明代嘉靖时期，在剧本中，杨父官职为户部侍郎，按照明代官职制度，户部侍郎为文官正三品，身份高贵。因此，对杨父、杨母的社会属性定位为身份高贵、气质稳重，他们的服饰设计要体现出官员的威风、高贵、稳重等特征。

（2）自然属性分析。越剧《五女拜寿》剧本中杨父年龄在六十岁左右，在六十岁寿诞之后，欲告老还乡，整个剧情中，有两次祝寿情节推动着剧情发展，一次是杨父寿诞，另一次是杨母寿诞。因此，将杨父、杨母的自然属性设定为六十岁左右的老者形象。

（3）心理属性分析。越剧《五女拜寿》剧本中杨父、杨母在剧本中命运跌宕起伏，既有高官显赫的富贵之时，又有抄家落寞的贫穷潦倒之时，人生大起大落，悲喜交集，具有极强的戏剧对比。

（4）表演属性分析。杨父、杨母在剧情表演中主要以唱词为主，没有舞蹈动作，肢体语言以稳重、正派为主，但是一些情感需要借助水袖进行表达，因此，结合杨父、杨母的表演属性，服饰款式以宽松为主，保留具有表演功能的水袖。

（5）剧情属性分析。杨父、杨母在《五女拜寿》中属于正面的角色，剧中主要通过杨父、杨母在经历家庭变故时，女儿、女婿对她们的态度反差，来揭示人间真情。

通过对越剧《五女拜寿》中杨父、杨母的角色分析，对老旦、老生的服饰在款式、色彩、纹样、面料等方面进行创新设计，具体的服饰设计如下（封二彩图1）。

（1）在款式设计上，保留越剧老生、老旦帔的款式特征。越剧《五女拜寿》中杨父、杨母穿"对儿帔"，为了不影响服饰的表演功能，保留了越剧帔的造型。两者帔的款式不进行明显区分，只是在老生肩部加垫肩，使得肩部更宽，一方面可以让老生帔具有男性体型特征，另一方面体现杨父的官员身份，加宽肩部可以显得更加威严，官气十足。

（2）在纹样设计上，在尊重中国传统文化习俗基础上，融入现代设计表现手法。越剧《五女拜寿》中杨父、杨母主要是寿星、寿公身份，按照中国传统民间习俗，寿星、寿公在寿诞上穿绣有祝寿题材纹样的礼仪服饰，因此，设计中保留祝寿纹样团纹造型，并对祝寿纹样进行适当的抽象化、肌理化，使得纹样更具现代感。同时，在纹样制作工艺上先使用数码印花在面料上印出祝寿纹样，然后在印花的"寿"字上进行绒绣，让纹样具有立体效果，不仅可以丰富服装纹样的层次，同时具有立体感的刺绣在视觉上显得更厚重，以体现着装者德高望重的老者身份。根据越剧《五女拜寿》中杨父、杨母的角色特征，为服饰设计了两款寿字纹图案。图8-6所示寿字纹造型将寿字纹、"卍"字纹及葫芦造型融合在一起，"寿"字、"卍"字以适合纹样的形式与葫芦形相融合，不仅在外观上简洁大方，内部纹样造型丰满，而且有万寿无疆、福如东海的文化寓意，比较适用于传统祝寿服饰；图8-7所示寿字纹造型用寿字与祥云进行组合，寿字纹放置在卷云纹的上方，不仅丰富了纹样的造型，而且能够体现吉祥如意、福寿连绵的文化内涵。

（3）在服饰色彩上，帔的底色选用褐红色，在褐色的基础上，加入适当的红色。褐红色不仅体现老者身份，而且符合中国传统文化在节日庆典上穿红色表现吉祥的内涵。纹样的色彩在明度上与帔的底色不进行很明显的区分，主要使用暗色调的绿色、黄色等，使得整体服饰色彩统一中有变化。

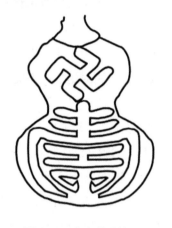

图8-6　寿字纹图案一

图8-7　寿字纹图案二

（4）在面料设计上，在不影响演员表演的基础上，使用面料二次再造手法，对面料肌理进行变化。杨父、杨母人生起伏较大，从身居高位的官员到流落街头的平民百姓。因此，设计他们的服饰时，采用现代压绉技术，在绉纱的基础上对面料进行压细褶，使得面料更粗糙、更厚重，更具有立体感。厚重、粗糙的面料能够体现老者历经沧桑、人生多变的丰富阅历。面料压褶后，会形成有规律的细褶，不仅具有韵律感，而且使得服装面料从平面变成立体，丰富了服装的明暗层次。

三、靠的创新设计

（一）靠的构成元素分析

越剧随着小歌班时期女班艺人的发展，越剧剧目主要以描写才子佳人的文戏为主，因此越剧武打戏份不多，在越剧靠设计上也体现出与其他剧种的区别。靠是中国戏剧中的专有词汇，指古代"甲衣"。古代"甲衣"用金属材料或坚硬面料制成，多用铜质、铜铁、皮革、布、木头制成甲片，不仅可以抵御武器的攻击，而且甲片光泽耀人，可以振军威，鼓舞士气。越剧表演以文戏为主，而文戏以抒情见长，因此，越剧整体艺术风格抒情、文雅。越剧靠受到越剧整体艺术风格的影响，在靠的形制上比其他剧种中甲片的数量少，在色彩上也偏柔和、文雅。越剧武将打斗及武戏不多，主要以唱词为主，配合做工及动作，在气度上体现武将的气宇轩昂。

（二）靠的创新设计方案

本文以越剧经典剧目《双烈记》中的梁红玉角色进行越剧女靠的服饰设计。从自然属性、社会属性、心理属性、表演属性、剧情属性五方面对梁红玉角色进行分析和定位，以便更好地用服饰进行角色塑造。

（1）自然属性分析。越剧《双烈记》描写了南宋名将韩世忠与夫人梁红玉二十年来，战功显赫，立下汗马功劳，梁红玉夸赞丈夫韩世忠英勇神猛，神机妙算，韩世忠在得到夫人梁红玉的夸赞后，顿然醒悟，立誓为光复大宋山河立大功。因此，将梁红玉的自然属性设定为已婚，年龄在35～45岁的中年妇女形象。

（2）社会属性分析。《双烈记》中，梁红玉是巾帼英雄，有勇有谋，跟丈夫一起征战沙场，击退金兵的入侵。因此，将梁红玉的社会属性定位为宋代高级女将领，是一位巾帼不让须眉的女将军。

（3）心理属性分析。梁红玉和丈夫韩世忠带领八百宋兵，在镇江面对金兀术统帅的十万金兵，并没有因为敌方的兵多势众而畏惧，用计谋大败金兵，显示出梁红玉勇敢、智慧、果断的人物个性。之后韩世忠不听梁红玉乘胜追击金兵的劝谏，致使金兵主帅金兀术脱逃，韩世忠将金兵主帅金兀术逃脱的责任归罪他人，梁红玉挺身而出，指出丈夫韩世忠的过失，并写奏章细陈丈夫韩世忠的功与过，显示出梁红玉公正、有担当的个性。因此，将梁红玉的心理属性定位为聪明、勇敢、公正、自信、有大将风范的女将领形象。

（4）表演属性分析。《双烈记》中梁红玉的表演属性以唱工为主，武打动作为辅，在1959年袁雪芬与范瑞娟版《双烈记》中，梁红玉头裹头巾，上穿短衣，短衣上套护心甲，下穿褶裥长裙，身披斗篷，不仅英姿飒爽，而且凸显了女性的柔美。因此，将梁红玉的表演属性定位为唱工为主。武打动作为辅，设计服装要考虑其武打动作表演的需要。

（5）剧情属性分析。梁红玉在整个剧情中既是将军的妻子，又是一位胆略超群的女性。梁红玉与丈夫韩世忠一起征战，出谋划策，在丈夫因为没捉住金兀术而意志消沉时，梁红玉又能夸赞丈夫，让其重新振作。因此，将梁红玉剧情属性定位为即是女将军，又是贤内助。

通过对越剧《双烈记》中梁红玉的角色分析，对梁红玉的服饰在款式、色彩、纹样、面料等方面进行创新设计，具体服饰设计如下（封二彩图2）。

（1）在款式设计上，采用上衣下裙，身佩戴甲靠的款式，对越剧女靠服饰进行适当创新。梁红玉在越剧中属于女武生形象，越剧女武生上穿短衣，下穿长裙，并有云肩、佩等服饰。在梁红玉服饰设计时，为了不影响服饰的抒情及武打的表演功能，因此，保留了越剧女靠上穿短衣，下穿长裙，身佩戴甲靠、后背披长披风的款式造型。在服装整体款式上，甲靠安排在服装的上衣部分，适当扩大肩部，下装用越剧褶裥长裙，一方面女靠在体型上比一般女性服饰更具有男性体型，另一方面用越剧裙体现梁红玉温柔、贤惠的女性特征，加宽肩部可以显得女性更加英姿飒爽。

（2）在色彩和纹样设计上，《双烈记》是一部以宋金战争为背景的历史剧情戏，剧情以宣扬精忠报国为主题思想，把越剧擅长的才子佳人剧情与报效祖国、立汗马功劳相联系，不是俗套地描写男女之情，而是把个人情感与国家命运、民族存亡相联系，使得剧本思想得以升华。因此，梁红玉在戏中的服饰应具有大气、洒脱、正义盎然的艺术感染力。为了体现梁红玉大气、正义、洒脱、智慧的性格及气质，在服饰色彩上采用暖色调，上衣以大红色、深红色为主色调，下裙用米白色，甲靠用粉红色，披风用色彩渐变手法，运用大红与白色的渐变，使得披风的色彩产生由红到白、由暗色到亮色的渐变效果，不仅可以丰富服装的明暗层次变化，而且能烘托梁红玉的英勇气概。在梁红玉服饰纹样的设计上，纹样主要在裙子部位，用二方连续纹样装饰裙子边缘，用红白色彩进行纹样装饰，与上衣服饰色彩进行呼应。

（3）在面料设计上，采用越剧闺门旦衣常用的双绉、乔其纱面料进行设计。在甲靠设计上，运用3D打印技术，打印甲靠，甲靠主要聚集在两肩及腰部，用树脂材料打印，形成3D立体效果，在视觉上有厚重感，能够体现女武旦的英雄气概。树脂材料不仅材质轻，而且具有较好的黏合能力，能够有效地与舞台表演服饰相融合。梁红玉服饰面料采用绉、纱面料，裙子面料使用压细褶处理，整体服饰轻盈、飘逸，色泽柔和，体现女性温柔的气质。

四、褶的创新设计

褶在越剧表演服饰中是一种常服，不同身份、地位的人都可以穿着。

（一）褶的构成元素分析

越剧小生褶服装款式为右衽、长袍、带水袖、侧边开衩、领下系带；色彩多用中间色，如淡蓝、淡黄；纹样多为植物纹样，在服装领部为长条连续纹样，袖子在袖口部位有小面积的折枝植物纹样，前片下摆处有大面积的折枝花植物纹样。越剧褶子服装整体风格清新雅致，书生服装主要表现文质彬彬、风流倜傥的风格；穷生服装主要表现落寞的境遇；官生服装主要突出意气风发、威风凛凛的气质等。

越剧小生服饰的功能是突出角色的社会属性及可表演性，小生褶服饰视觉中心点主要在领部、袖子、前片及服饰边缘等部位。领部可以使用加减法进行设计创新。在对小生褶服饰设计时，要在满足角色的社会属性功能和表演功能基础上进行部件创新，因此，可以针对越剧小生褶服装各组成部件进行不同的设计，以达到创新的目的。

（二）褶的创新设计方案

越剧多以才子佳人感情线进行剧本创作，越剧中的才子主要是以文质彬彬的书生为主，因此，本文根据越剧《梁祝》中梁山伯与祝英台为设计对象，进行越剧小生褶的创新设计，用服饰塑造书生形象。

根据越剧《梁祝》故事剧情进行剧本人物角色分析，从梁山伯与祝英台的自然属性、社会属性、心理属性、表演属性、剧情属性五方面进行角色分析。

（1）社会属性分析。故事背景设定在东晋时期，在剧本中，梁山伯与祝英台为同窗，一起求学三年产生感情，梁山伯与祝英台在剧中都是书生形象。因此，笔者对梁山伯、祝英台的社会属性定位为身份一般、具有书卷气的书生形象，他们的服饰设计主要体现书生的文质彬彬及浪漫气质等特征。

（2）自然属性分析。越剧《梁祝》剧本中梁山伯与祝英台年龄在 15 ～ 20岁，在求学时正是情窦初开的年龄，后来求学之后，梁山伯成为县令，祝英台被许配给马文才，整个剧情中，梁山伯与祝英台之间的戏份多是未婚状态。因此，可将梁山伯、祝英台的自然属性设定为 15 ~ 20 岁的未婚青年。

（3）心理属性分析。越剧《梁祝》剧本中梁山伯、祝英台命运跌宕起伏、悲喜交集，既有浪漫、快乐的求学时刻，又有因爱不得、双双殉情的悲剧时刻，人生大起大落，悲喜交集。

（4）表演属性分析。梁山伯、祝英台在剧情表演中主要以文戏为主，通过唱腔及肢体动作进行情感表达，需要借助水袖进行表演，因此，在服饰款式上以适合抒情表演为主，服饰要具有意象之美。

（5）剧情属性分析。梁山伯、祝英台在《梁祝》中属于悲剧角色，剧中主要通过梁山伯、祝英台的情感纠葛，宣扬爱情自由，来揭示封建社会对爱情的抹杀。

通过对越剧《梁祝》中梁山伯、祝英台的角色分析，对小生褶在款式、色彩、纹样、面料等方面进行创新设计，具体服饰设计如下（封二彩图 3）。

（1）在款式设计上，保留越剧小生褶的款式特征。越剧《梁祝》中梁山伯、祝英台在越剧中属于书生角色，都穿小生褶，没有进行性别上的区分。为了不影响服饰的表演功能，因此，保留了越剧褶的造型。两者褶的款式不进行区分，而对两者褶的下摆进行造型变化，小摆加宽，同时改变下摆的直线造型，用波浪曲线使得款式更柔美；褶的领部保持右衽交叉的造型，领子设计成波浪的曲线领，并用多层薄纱制作，形成具有柔美、层次丰富的领子造型。把越剧褶中的领子、下摆的直线，设计成波浪曲线造型，一方面可以让褶更加柔美，体现越剧服饰柔美的特征；另一方面暗示梁山伯、祝英台的爱情曲折浪漫，体现剧本故事内容。

（2）在纹样设计上，用具有爱情蕴涵的纹样元素，融入现代设计表现手法。越剧《梁祝》中梁山伯、祝英台主要是恋人身份，用蝴蝶纹样来表达两者的恋爱关系，《梁祝》中最后戏份是梁山伯与祝英台在去世后，双双化成蝴蝶，获得新生。因此，设计中采用蝴蝶纹样造型，并对蝴蝶纹样进行重复、叠放的排列与构图，使纹样更具现代感。

（3）在服饰色彩上，褶的色彩以清淡的粉蓝色为底，纹样色彩用深浅不同的有彩色，在色调统一与和谐的基础上，丰富服装的明暗层次。粉蓝色比较能够体现梁山伯、祝英台青春亮丽的特征，且符合角色的生理属性。

五、衣、裙的创新设计

（一）衣、裙的构成元素分析

1.闺门旦衣构成元素分析

越剧闺门旦衣是由衣领、袖子、衣身三部分构成的襦衣，襦衣袖子做两截，袖口拼接 2 厘米宽绣花面料。两侧开衩，衣领做缘边设计。袖口：2 厘米绣花面料缘边；衣领：10 厘米绣花缘边的交领；前右片系带于左侧腋下 20 厘米处；袖口衣领加里衬；两侧腋下 25 厘米处开衩。

从越剧闺门旦衣构成元素来看，越剧衣造型简洁，主要装饰部位为领部，衣身外轮廓简单，修身，能够体现女性曲线之美。

2.闺门旦裙构成元素分析

越剧裙由裙腰、裙身、下摆三部分构成，整体造型呈 A 型。裙腰用松紧材料缝制，紧贴人体腰部，宽度为 5 ～ 8 厘米；裙身自上而下呈喇叭形张开，有均匀的 5 厘米宽褶裥；裙摆自然下垂张开，边缘向里折叠缝制毛边，裙摆摆幅不大，演员行走时，裙摆贴近人体。越剧裙纹样主要装饰在裙摆边缘、裙身部位，纹样面积小，整体装饰简洁、优雅。裙摆纹样多以二方连续形式绕裙摆一圈，形成具有线型的 5 ～ 12 厘米的装饰带，以植物花卉纹样为主，纹样色彩的色相、明度、纯度与裙子底色会形成鲜明的对比。裙身纹样有两种装饰模式：一是在裙摆处进行装饰，裙身无刺绣纹样；二是在裙摆处进行装饰，裙身以散点分布的形式进行纹样装饰。

从越剧裙构成元素来看，越剧裙造型简洁，装饰纹样只是起点缀作用，裙身均匀、细小密集的褶裥是其主要特色，整体具有简洁、优雅的审美特征。

（二）衣、裙的创新设计方案

越剧中闺门旦是指豆蔻年华的名门闺秀、小姐等角色，越剧《红楼梦》中的林黛玉、薛宝钗是闺门旦的典型人物。越剧《红楼梦》中林黛玉的角色是以小说为原型改编而来的。

笔者以曹雪芹小说《红楼梦》中的林黛玉为原型，从自然属性、社会属性、心理属性、表演属性和剧情属性五方面对林黛玉角色进行分析和定位，为越剧林黛玉服饰进行创新设计。

（1）自然属性分析。原著中林黛玉是一位正值豆蔻年华的少女，容貌清丽柔美，对爱情充满幻想，因此，将林黛玉的自然属性设定为 13 ～ 16 岁的青春少女形象。

（2）社会属性分析。原著中林黛玉生于官宦之家，母亲病亡后，林父把她寄养在贾府外婆家，贾府是金陵的名门望族，身份高贵，贾母对林黛玉非常疼爱，其在贾府的地位与惜春、探春相同。林黛玉饱读诗书、才华出众，性格文静含蓄、多愁善感。因此，将林黛玉的社会属性定位为大家闺秀及具有书卷气质的文静柔弱的少女形象。

（3）心理属性分析。原著中林黛玉多愁善感，虽然有贾母疼爱，但是内心是伤悲的，特别是与贾宝玉的爱情，使之内心痛苦、绝望。在原著中，林黛玉是一位具有反叛精神的人，显示出孤傲的个性。因此，将林黛玉心理属性定位为感性、悲凉、孤傲。

（4）表演属性分析。越剧中林黛玉有很多抒情的唱词，是比较能体现越剧之美的角色，林黛玉的唱词优美婉转，委婉悠长的曲调把林黛玉心中的痛苦传达得极其生动，深深地触动观众的内心。因此，将林黛玉服饰表演属性定位为擅长抒情，呈现悲情色彩的意境之美。

（5）剧情属性分析。越剧《红楼梦》中，林黛玉葬花的剧情最能体现其性格及气质。该剧情讲述的是林黛玉看到大风、大雨过后，盛开的鲜花凋谢在泥土中，于是心生怜悯，把残花收起后埋葬的故事。故事剧情把林黛玉多愁善感的性格及不染尘世的孤傲个性体现得淋漓尽致，是越剧《红楼梦》的经典桥段。

通过对越剧《红楼梦》中林黛玉的角色分析，对林黛玉的服饰在款式、色彩、纹样、面料等方面进行创新设计，具体服饰设计如下（封二彩图4）。

（1）在款式设计上，在越剧闺门旦服饰基础上，进行适当的创新。在林黛玉的服饰设计时，为了不影响服饰的表演功能，因此，保留了越剧闺门旦上穿短衣、下穿长裙的款式造型。

（2）在色彩和纹样设计上，黛玉葬花是一场悲剧剧情的戏，因此，林黛玉在这场戏中的服饰应呈现悲情、伤感的氛围。为了体现林黛玉多愁善感的性格及悲情气质，在服饰色彩上采用冷色调，借鉴宋代王希孟的《千里江山图》的色彩，采用石青、石绿具有冷感的色彩，从而比较准确地传递林黛玉的气质及心理感受。在色彩运用手法上，采用色彩渐变手法，运用石青与石绿的渐变，使得服装整体色彩产生由暗到明、由青到绿的渐变效果，不仅可以丰富服饰色彩的明暗层次变化，而且能烘托林黛玉的角色特征。在林黛玉服饰纹样设计上，以梅花为服饰纹样的题材，凸显角色的悲凉身世。林黛玉通过葬花，想到自己的身世，想到自己的命运也像花一样，与贾宝玉的爱情不能自己做主，从而揭示了黛玉内心的痛苦与悲伤。运用水墨画的形式进行梅花纹样设计，在纹样色调上，在黑白色的水墨中加入少量的石青色。梅花花朵用粉红色进行点缀，在纹样整体色调上与服饰底色保持协调。

（3）在面料设计上，采用越剧闺门旦常用的双绉、纱面料进行设计。林黛玉是越剧闺门旦中具有代表性角色，闺门旦以抒情见长，常借用服饰进行抒情表演，因此，面料多用轻薄面料，来配合角色进行抒情表演。双绉质地轻盈飘逸、吸光性能好。双绉制成的衣、裙具有滑爽、轻盈柔美的特点，适合体现闺门旦清新、柔美的气质。林黛玉服饰面料采用绉、纱面料，裙子面料使用压细褶处理，整体服饰轻盈、飘逸，色泽柔和。

参考文献

［1］黄能馥，陈娟娟.服饰中华：中华服饰七千年［M］.北京：清华大学出版社，2013.

［2］沈从文.中国古代服饰研究［M］.太原：北岳文艺出版社，2002.

［3］张廷玉.明史舆服志［M］.北京：中华书局，1974.

［4］孙机.中国古舆服论丛［M］.上海：上海古籍出版社，2013.

［5］贾玺增.中国古代首服研究［D］.上海：东华大学，2006.

［6］诸葛铠.文明的轮回：中国服饰文化的历程［M］.北京：中国纺织出版社，2007.

［7］李学勤.尚书正义［M］.北京：北京大学出版社，1999.

［8］冯友兰.中国哲学简史［M］.北京：北京大学出版社，2013.

［9］陈来.中华文明的核心价值［M］.北京：生活·读书·新知三联书店，2015.

［10］柳诒徵.中国文化史［M］.上海：东方出版中心，1988.

［11］许星.中外女性服饰文化［M］.北京：中国纺织出版社，2001.

［12］张蓓蓓.宋代汉族服饰研究［D］.苏州：苏州大学，2010.

［13］袁墨卿，袁法周.晚明江南文化殊相：名士与名姝的艳情与悲剧［J］.枣庄学院学报，2005（2）：38-49.

［14］刘瑞璞.清古典袍服结构与纹章规制研究［M］.北京：中国纺织出版社，2017.

［15］缪良云.中国衣经［M］.上海：上海文化出版社，1999.

［16］崔荣荣.明代以来汉族民间服饰变革与社会变迁［M］.武汉：武汉理工大学出版社，2017.

［17］蒋中崎.越剧文化史［M］.杭州：浙江大学出版社，2015.

［18］韩燕娜.越剧服饰设计［M］.北京：中国纺织出版社有限公司，2022.

［19］陈淑聪，汪斌.越剧戏服中刺绣元素的研究［J］.染整技术，2020，42（11）：50-56.

［20］金佳勤，于淼，韩燕娜，等.数字化服饰还原在越剧角色塑造中的创新传承［J］.纺织科技进展，2021（4）：41-45.

［21］李立新.中国戏剧服装的艺术审美特征［J］.大舞台，2012（7）：10-16.

［22］刘晨晖.越剧传统剧中旦角的服饰类型与特征［J］.丝绸，2018（3）：72-77.

［23］张益洁.越剧服饰艺术地域性文化特征探析［J］.山东青年，2019（3）：118-120.

［24］喻梅.浅析越剧服饰及其艺术特征［J］.轻纺工业与技术，2018（5）：118-120.

［25］修智英.越剧服饰文化创意产品设计研究［J］.工业设计，2021（10）：134-135.

［26］丽莎.越剧小镇的融合与创新［J］.上海戏剧，2019（3）：26-27.

［27］陈申.中国传统戏衣［M］.北京：人民美术出版社，2006：31-107.

［28］李永鑫.百年越剧概览［M］.绍兴：浙江印刷集团，2006.

［29］刘晨晖.越剧旦角服饰的设计研究［D］.无锡：江南大学，2018.

［30］王利平.论中国传统文化元素在现代服装设计中的应用［D］.济南：齐鲁工业大学，2012.

［31］钱宏.中国越剧大典［M］.杭州：浙江文艺出版社，1996：4-49.

［32］友燕玲.昆曲对越剧艺术影响之研究［D］.苏州：苏州大学，2008.

［33］束霞平.苏州昆剧服装艺术探微［D］.苏州：苏州大学，2005.

［34］廖亮.都市文化语境中的上海越剧［M］.北京：中国书籍出版社，2016.